园林植物图鉴

—编 著—
刘树明

Yuanlin Zhiwu Tujian

海峡出版发行集团 | 福建科学技术出版社
FUJIAN SCIENCE & TECHNOLOGY PUBLISHING HOUSE

图书在版编目（CIP）数据

园林植物图鉴 / 刘树明编著 . —福州：福建科学技术出版社，2018. 7（2022.11 重印）
ISBN 978-7-5335-5526-9

Ⅰ . ①园… Ⅱ . ①刘… Ⅲ . ①园林植物 - 图集
Ⅳ . ① S68-64

中国版本图书馆 CIP 数据核字（2018）第 014796 号

书　　名	园林植物图鉴
编　　著	刘树明
出版发行	福建科学技术出版社
社　　址	福州市东水路76号（邮编350001）
网　　址	www.fjstp.com
经　　销	福建新华发行（集团）有限责任公司
印　　刷	福建新华联合印务集团有限公司
开　　本	700毫米 × 1000毫米　1/16
印　　张	26
图　　文	416码
版　　次	2018年7月第1版
印　　次	2022年11月第2次印刷
书　　号	ISBN 978-7-5335-5526-9
定　　价	88.00元

前　言

随着我国经济、科技的迅猛发展，城市建设水平不断提升，人们也更加追求绿色健康的生活方式，因此城市园林绿化建设至关重要。

本书为园林工作者在实际工作中因地制宜地选择植物提供一定的参考依据，同时也为园林植物爱好者提供了解园林植物的资料。全书分为乔木、灌木、草本、藤本、水生 5 个部分，其中乔木 81 种，灌木 136 种，草本 135 种，藤本 41 种，水生 7 种，总计 400 种园林常见观赏植物。书中系统介绍了这 400 种园林植物的中文名、拉丁学名、科属、形态特征、分布、习性，以及园林应用模式，并搭配以大量精美的彩图，以便读者更好地认识它们。由于编者水平有限，在编写过程参考了《中国植物志》及大量的植物相关文献，但仍存在一些错误、疏漏，敬请广大读者批评指正。

在本书的编著过程中还得到了桐花及苍耳两位花友的帮助，再次表示衷心的感谢！

编者

目 录

乔木

灌木

草本

水生

藤本

乔木

银杏

Ginkgo biloba L.

别　　名：白果、公孙树
科　　属：银杏科银杏属
花 果 期：花期3~4月，种子9~10月成熟
繁殖方式：播种繁殖、分蘖繁殖、扦插繁殖

形态特征

裸子植物，落叶大乔木。树皮呈灰褐色，深纵裂，粗糙。叶扇形，淡绿色，秋季落叶前变为黄色。球花单性，球花雌雄异株。果实核果，俗称白果，因此银杏又名白果树。

分布与习性

银杏为中生代孑遗的稀有树种，为我国特有。喜光照，较耐寒，耐干旱，忌水涝；喜酸性土壤，如黄壤或黄棕壤。

观赏特性

银杏出现在几亿年前，是第四纪冰川运动后遗留下来的裸子植物中最古老的孑遗植物，所以银杏有“活化石”的美称。叶形奇特，秋季变色，因此为优良的观叶树种，可作为行道树或者丛植、孤植于庭园、公园等绿地。

南洋杉

Araucaria cunninghamii Sweet.

别　　名：肯氏南洋杉
科　　属：南洋杉科南洋杉属
花 果 期：花期 5~6 月，果期 8~9 月
繁殖方式：播种繁殖、扦插繁殖

形态特征

常绿高大乔木。树皮灰褐色或暗灰色，粗糙，横裂；树冠尖塔形，大枝平展或斜伸，叶排列紧密而叠盖，卵形或三角状钻形。雄球花单生叶腋，球果椭圆形。

分布与习性

原产于大洋洲东南沿海地区。喜光照；喜温暖湿润气候，不耐寒；耐旱，耐盐碱；对上壤要求不高，喜疏松肥沃、排水良好的土壤。

观赏特性

树高大，姿态优美，为优良的庭园树种，可孤植、列植于公园、庭园等绿地，也可作为行道树。

罗汉松

Podocarpus macrophyllus (Thunb.) D. Don

科　　属：罗汉松科罗汉松属
花 果 期：花期4~5月，种子8~9月成熟
繁殖方式：播种繁殖、扦插繁殖

形态特征

常绿乔木。树皮灰色或灰褐色，浅纵裂，成薄片状脱落。叶螺旋状着生，呈条状披针形，微弯，上面深绿色，有光泽，下面带白色、灰绿色或淡绿色。雄球花穗状，腋生；雌球花单生叶腋。种子卵圆形，成熟时肉质假种皮紫黑色，有白粉；种托为肉质圆柱形，红色或紫红色。

分布与习性

我国分布于江苏、浙江、福建、安徽、江西、湖南、四川、云南、贵州、广西、广东等地。喜光照，耐半阴；喜温暖湿润气候，不耐寒；耐干旱，耐盐碱，对土壤要求不高。

观赏特性

优良的观叶、观姿树种，可孤植于庭园、公园等绿地，也可盆栽观赏。

竹柏

Nageia nagi (Thunb.) Kuntze

科　　属：罗汉松科竹柏属
花 果 期：花期3~4月，种子10月成熟
繁殖方式：播种繁殖、扦插繁殖

形态特征

常绿乔木。树冠广圆锥形，树皮近于平滑，红褐色或暗紫红色，呈小块薄片脱落。叶对生，革质，叶形似竹叶故名竹柏，上面深绿色，有光泽，下面浅绿色。雄球花穗状圆柱形，单生叶腋；雌球花单生叶腋，稀成对腋生。种子圆球形，成熟时假种皮暗紫色，有白粉。

分布与习性

我国分布于浙江、福建、江西、湖南、广东、广西、四川。喜光照，耐阴；喜温暖湿润气候，耐寒，耐热；耐干旱，耐盐碱。

观赏特性

优良的观叶植物，可孤植或丛植于庭园、公园等绿地。

杨梅

Myrica rubra (Lour.) S. et Zucc.

科　　属：杨梅科杨梅属
花 果 期：花期4月，果期6~7月
繁殖方式：扦插繁殖

形态特征

常绿乔木。树皮灰色，树冠圆球形。叶革质，无毛。花雌雄异株，雄花序单独或数条丛生于叶腋，呈圆柱状；雌花序常单生于叶腋，较雄花序短而细瘦。核果球状，外表面具乳头状凸起，外果皮肉质，多汁液，味酸甜，成熟时为深红色或紫红色。

杨梅雄花

分布与习性

我国分布于江苏、浙江、台湾、福建、江西、湖南、贵州、四川、云南、广西和广东等地。杨梅是我国江南的著名水果，现广泛栽培。喜光照，耐半阴；喜温暖湿润气候；耐寒，耐旱；对土壤要求不高。

杨梅雌花

观赏特性

果可食，可孤植或丛植于庭院、公园等绿地，也可应用于山地绿化。

枫杨

Pterocarya stenoptera C. DC.

别　　名：麻柳
科　　属：胡桃科枫杨属
花 果 期：花期4~5月，果熟期8~9月
繁殖方式：扦插繁殖、播种繁殖

形态特征

大乔木。叶多为偶数或稀奇数羽状复叶，小叶对生或稀近对生，长椭圆形至长椭圆状披针形。雄性柔荑花序单独生于去年生枝条上的叶痕腋内，雌性柔荑花序顶生。果实长椭圆形，果翅狭，条形或阔条形。

分布与习性

我国分布于陕西、河南、山东、安徽、江苏、浙江、江西、福建、台湾、广东、广西、湖南、湖北、四川、贵州、云南，华北和东北仅有栽培。喜光照；喜温暖湿润气候；不耐积水；对土壤要求不高。

观赏特性

树冠宽广，枝叶茂密，花序下垂极具观赏价值。可孤植或丛植于庭院、公园等绿地，也可应用于山地绿化。

银桦

Grevillea robusta A. Cunn. ex R. Br.

科　　属：山龙眼科银桦属
花 果 期：花期3~5月，果期6~8月
繁殖方式：播种繁殖

形态特征

常绿乔木。叶互生，二回羽状裂叶，小叶线形，叶被白色毛茸。穗状花序，顶生，花色橙色。蓇葖果，卵状椭圆形。

分布与习性

原产于澳洲，现广泛栽培。喜光照；喜温暖湿润的气候，耐热；喜排水良好的土壤。

观赏特性

花色明亮，花形奇特，叶形也极富特点，为优良的观花观叶植物。可作为行道树，也可孤植、丛植于公园、庭园等绿地。

红花银桦

Grevillea banksii R. Br.

别　　名：昆士兰银桦
科　　属：山龙眼科银桦属
花 果 期：花期春、夏季，果期秋季
繁殖方式：播种繁殖

形态特征

常绿乔木。叶互生，二回羽状裂叶，小叶线形，叶被白色毛茸。穗状花序，顶生，花红色。蓇葖果，熟果呈褐色。

分布与习性

原产于澳洲，现广泛栽培。喜光照；喜温暖湿润的气候，耐热；喜排水良好的略酸性土壤。

观赏特性

花色艳丽，花形奇特，叶形也极富特点，为优良的观花观叶植物。可作为行道树，也可孤植、丛植于公园、庭园等绿地。

桑

Morus alba L.

科　　属：桑科桑属

花 果 期：花期3~4月，果期4~5月

繁殖方式：扦插繁殖

形态特征

落叶小乔木或为灌木。树皮厚，灰色，具不规则浅纵裂。叶卵形或广卵形，基部圆形至浅心形，边缘锯齿粗钝，表面鲜绿色。花单性，腋生或生于芽鳞腋内，与叶同时生出；雄花序下垂，花被片宽椭圆形，淡绿色；雌花序较雄花序短，花被片倒卵形。聚花果卵状椭圆形，成熟时红色或暗紫色。

分布与习性

原产于我国中部和北部地区，现可广泛栽培。喜光照；喜温暖湿润气候，耐寒，耐干旱，较耐水湿；对土壤要求不高。

观赏特性

树形宽阔，秋季叶色变黄，可作为色叶树种，可种植于公园、庭园、道路等绿地，同时果可食用，叶可用于养蚕。

榕

Ficus microcarpa L. f.

科　　属：桑科榕属
花 果 期：花期5~6月，果期9~10月
繁殖方式：扦插繁殖、播种繁殖

形态特征

常绿乔木。冠幅广展，有锈褐色气根。叶薄革质，狭椭圆形，表面深绿色，干后深褐色，有光泽，全缘。榕果成对腋生或生于已落叶枝叶腋，成熟时黄色或微红色，扁球形。雄花、雌花、瘿花同生于一榕果内。

分布与习性

原产于我国台湾、福建，现广泛栽培。喜光照；喜温暖湿润气候；耐水湿，耐干旱；对土壤要求不高。

观赏特性

树形挺拔，树冠宽广，可作行道树，也可孤植或丛植于公园、庭园等绿地，还可作为盆景观赏。

高山榕

Ficus altissima Bl.

科　　属：桑科榕属
花 果 期：花期3~4月，果期5~7月
繁殖方式：扦插繁殖、播种繁殖

形态特征

常绿乔木。树皮灰色，平滑。叶厚革质，广卵形至广卵状椭圆形，全缘，两面光滑。榕果成对腋生，椭圆状卵圆形，成熟时红色或带黄色。雄花、雌花、瘿花散生于榕果内壁。瘦果表面有瘤状凸体。

分布与习性

我国分布于海南、广西、云南、四川，现广泛栽培。喜光照；喜高温多湿气候；耐干旱；对土壤要求不高。

观赏特性

树形挺拔，树冠宽广，叶大，可作行道树，也可孤植或丛植于公园、庭园等绿地。

构树

Broussonetia papyrifera (Linn.) L'Hér. ex Vent

科　　属：桑科构属
花 果 期：花期4~5月，果期6~7月
繁殖方式：扦插繁殖、播种繁殖

形态特征

乔木。全株含乳汁。叶螺旋状排列，广卵形至长椭圆状卵形，边缘具粗锯齿。花雌雄异株，雄花序为柔荑花序，粗壮；雌花序球形头状。聚花果，成熟时橙红色。

分布与习性

我国各地均有栽培。喜光照，耐半阴；耐寒，耐热；耐干旱瘠薄，对土壤要求不高。

观赏特性

观叶观果植物。可作行道树，也可孤植、丛植于公园、庭园等绿地。

波罗蜜

Artocarpus heterophyllus Lam.

科　　属：桑科波罗蜜属
花 果 期：花期 2~3 月，果期 5~9 月
繁殖方式：扦插繁殖、播种繁殖、嫁接繁殖

形态特征

常绿乔木。树皮厚，黑褐色。叶革质，螺旋状排列，椭圆形或倒卵形。花雌雄同株，花序生于老茎或短枝上。聚花果椭圆形至球形，或不规则形状，幼时浅黄色，成熟时黄褐色，表面有坚硬六角形瘤状凸体和粗毛。

分布与习性

原产于印度西高止山，现热带地区常有栽培。喜光照；喜高温多湿环境，耐高温，不耐寒，忌水湿；稍耐盐碱，喜深厚肥沃的土壤。

观赏特性

树形优美，冠幅大，绿荫浓密，果奇特，是著名的热带水果，可作为庭荫树种植于公园、庭院等绿地。

玉兰

Yulania denudata (Desr.) D. L. Fu

别　　名：木兰
科　　属：木兰科玉兰属
花 果 期：花期2~3月，果期8~9月
繁殖方式：播种繁殖、嫁接繁殖

形态特征

落叶乔木。枝广展形成宽阔的树冠。叶纸质，倒卵形、宽倒卵形或倒卵状椭圆形。花先叶开放，直立，芳香，白色。聚合果。

分布与习性

我国分布于江西、浙江、湖南等地，现广泛栽植。喜光照；喜温暖湿润气候；耐寒；喜排水良好、肥沃的微酸性土壤。

观赏特性

花大而芳香，为我国特有的名贵园林花木之一，可作为行道树，也可种植于公园、庭园等绿地。

二乔玉兰

Yulania × *soulangeana* (Soul.-Bod.) D. L. Fu

别　　名：砖砂玉兰
科　　属：木兰科玉兰属
花 果 期：花期 3~4 月，果期 9~10 月
繁殖方式：播种繁殖、嫁接繁殖

形态特征

落叶小乔木。叶互生，倒卵圆形至宽椭圆形。花先叶开放，钟状，外面淡紫红色，里面白色，有香气。果为蓇葖果。

分布与习性

二乔玉兰为玉兰与紫玉兰杂交种，现广泛栽植。喜光照；喜温暖湿润气候；耐寒；喜排水良好、肥沃的微酸性土壤。

观赏特性

花大而芳香，可作为行道树，也可种植于公园、庭园等绿地，还是优良的切花材料。

紫玉兰

Yulania liliiflora (Desr.) D. C. Fu

别　　名：辛夷、木笔
科　　属：木兰科木兰属
花 果 期：花期3~4月，果期8~9月
繁殖方式：播种繁殖、扦插繁殖、嫁接繁殖

形态特征

落叶灌木。叶椭圆状倒卵形或倒卵形。花叶同时开放，花具香气，外面紫色或紫红色，内面带白色。聚合果。

分布与习性

我国分布于福建、湖北、四川、云南西北部，现广泛栽植。喜光照，不耐阴；喜温暖湿润气候；耐寒；忌涝；喜排水良好、肥沃的微酸性土壤。

观赏特性

花大而芳香，高贵典雅，可作为行道树，也可种植于公园、庭园等绿地，还是优良的切花材料。

荷花玉兰

Magnolia grandiflora L.

别　　名：广玉兰
科　　属：木兰科北美木兰属
花 果 期：花期5~6月，果期9~10月
繁殖方式：播种繁殖、嫁接繁殖

形态特征

常绿乔木。叶厚革质，椭圆形，长圆状椭圆形或倒卵状椭圆形，叶面深绿色，有光泽。花大，白色，有芳香，花形似荷花。聚合果圆柱状长圆形或卵圆形。

分布与习性

原产于北美东南部，现广泛栽植。喜光照，稍耐阴；喜温暖湿润气候；稍耐寒；忌涝；喜排水良好、肥沃的土壤。

观赏特性

叶厚且有光泽，花大而芳香，树形高贵典雅，可作为行道树，也可种植于公园、庭园等绿地。

灰木莲

Magnolia blumei Prantl.

科　　属：木兰科北美木兰属
花 果 期：花期 2~3 月，果期 9~10 月
繁殖方式：播种繁殖、嫁接繁殖、扦插繁殖

形态特征

常绿乔木。树干通直，圆满；树冠伞形，美观。叶革质，椭圆形。花大清香，似白玉兰花，花期长。

分布与习性

我国特有树种。喜光照，稍耐阴；喜温暖湿润气候；忌涝；喜排水良好、肥沃的疏松土壤。

观赏特性

树形优美，四季常绿，花大而芳香，可作为行道树，也可种植于公园、庭园等绿地。

白兰

Michelia alba DC.

别　　名：白兰花、白玉兰
科　　属：木兰科含笑属
花 果 期：花期4~9月，通常不结实
繁殖方式：高压繁殖、嫁接繁殖

形态特征

常绿乔木。枝广展，呈阔伞形树冠。叶薄革质，长椭圆形或披针状椭圆形。花白色，极香，花瓣披针形。聚合果。

分布与习性

原产于印度尼西亚爪哇，现广泛栽植。喜光照；喜温暖湿润气候；不耐寒；忌涝；喜疏松、肥沃、排水良好的土壤。

观赏特性

树形优美，花色洁白，花清香，可作为行道树，也可种植于公园、庭园等绿地。

深山含笑

Michelia maudiae Dunn.

别　　名：光叶白兰花
科　　属：木兰科含笑属
花 果 期：花期2~4月，果期9~10月
繁殖方式：播种繁殖、高压繁殖、嫁接繁殖

形态特征

常绿乔木。叶革质，长圆状椭圆形，上面深绿色，有光泽，下面灰绿色，被白粉。花单生于枝梢叶腋，纯白色，基部稍呈淡红色，芳香。聚合果。

分布与习性

我国分布于浙江南部、福建、湖南、广东等地，现广泛栽植。喜光照；喜温暖湿润气候；稍耐寒，耐热；喜疏松、肥沃、排水良好的酸性土壤。

观赏特性

花色洁白，花清香，可作为行道树，也可种植于公园、庭园等绿地。

樟

Cinnamomum camphora (L.) presl

别　　名：香樟
科　　属：樟科樟属
花 果 期：花期4~5月，果期8~11月
繁殖方式：扦插繁殖、播种繁殖

形态特征

常绿大乔木。树冠广卵形，枝、叶及木材均有樟脑气味。叶互生，卵状椭圆形，边缘全缘，离基三出脉。圆锥花序腋生，花小，绿白色或带黄色。果卵球形或近球形。

分布与习性

我国分布于南方及西南各地，现广泛栽培。喜光照，耐半阴；喜温暖湿润气候；对土壤要求不高。

观赏特性

树形优美，枝繁叶茂，为优良的观叶植物，可作为行道树，也可种植于公园、庭园等绿地。

树头菜

Crateva unilocalaris Buch. -Ham.

科　　属：山柑科鱼木属
花 果 期：花期 3~7 月，果期 7~8 月
繁殖方式：扦插繁殖、播种繁殖

形态特征

乔木。花期时树上有叶。小叶薄革质，干后褐绿色，表面略有光泽，背面苍灰色，侧生小叶基部不对称。总状或伞房状花序，花瓣白色或黄色。果球形，干后灰色至灰褐色。

分布与习性

我国分布于广东、广西及云南等地，现各地均有栽培。喜光照，忌暴晒；喜温暖湿润气候；喜疏松且排水良好的土壤。

观赏特性

树形优美，花形奇特，为优良的观花植物，可作为行道树，也可孤植、列植于公园、庭园等绿地。

桃

Amygdalus persica L.

科　　属：蔷薇科桃属
花 果 期：花期 3~4 月，果实成熟期因品种而异，通常为 8~9 月
繁殖方式：扦插繁殖、嫁接繁殖

形态特征

落叶小乔木。小枝具大量小皮孔。叶片长圆披针形、椭圆披针形或倒卵状披针形，叶边具细锯齿或粗锯齿。花单生，先于叶开放，花粉红色，罕为白色。果实形状和大小均有变异，卵形、宽椭圆形或扁圆形。

分布与习性

原产于我国，现广泛栽培。喜光照；喜冷凉干爽的气候，耐寒；耐干旱；喜疏松肥沃的中性土壤。

观赏特性

园艺品种丰富，有碧桃、绯桃、绛桃、菊花桃等；花色除了粉色、白色，还有红色、双色；有重瓣或半重瓣。可种植于公园、庭园、道路旁等绿地。

福建山樱花

Cerasus campanulata (Maxim.) Yu et Li

别　　名：钟花樱花
科　　属：蔷薇科樱属
花 果 期：花期 2~3 月，果期 4~5 月
繁殖方式：扦插繁殖、嫁接繁殖

形态特征

落叶小乔木。叶片卵形、卵状椭圆形或倒卵状椭圆形，薄革质，边有急尖锯齿。伞形花序，花先叶开放，花瓣倒卵状长圆形，粉红色。核果卵球形。

分布与习性

我国分布于浙江、福建、台湾、广东、广西，现广泛栽培。喜光照；喜冷凉干爽的气候，耐寒；耐干旱；喜疏松、肥沃、排水良好的土壤。

观赏特性

花色绯红，先花后叶，满树红花极为亮丽。可种植于公园、庭园、道路旁等绿地，成片种植效果更佳。

日本晚樱

Cerasus serrulata (Lindl.) G. Don ex London var. *lannesiana* (Carr.) Makino

科　　属：蔷薇科樱属
花 果 期：花期 2~3 月，果期 4~5 月
繁殖方式：扦插繁殖、嫁接繁殖

形态特征

落叶小乔木。叶片卵形、卵状椭圆形或倒卵状椭圆形，薄革质，边有渐尖重锯齿，齿端有长芒。伞房花序，花先叶开放，花白色、稀粉红色。核果卵球形。

分布与习性

原产于日本，现广泛栽培。喜光照；喜冷凉干爽的气候，耐寒；耐干旱；喜疏松肥沃、排水良好的土壤。

观赏特性

观花植物。可孤植或列植于公园、庭园、道路旁等绿地，片植效果也很好。

紫叶李

Prunus cerasifera Ehrhar f. *atropurpurea* (Jacq.) Rehd.

科　　属：蔷薇科李属
花 果 期：花期4月，果期8月
繁殖方式：扦插繁殖

形态特征

落叶小乔木。小枝暗红色。叶片椭圆形、卵形或倒卵形，极稀椭圆状披针形，边缘有圆钝锯齿，有时混有重锯齿，叶色紫红色。花白色，长圆形或匙形，边缘波状。核果近球形或椭圆形。

分布与习性

原产于亚洲西南部，现我国华北及其以南地区广为种植。喜光照，稍耐阴；耐寒；耐干旱，忌涝；对土壤要求不高。

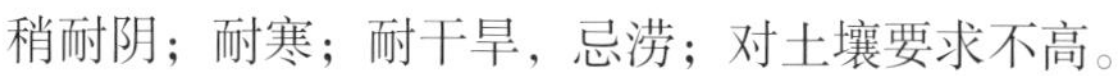

观赏特性

色叶树种，为优良的观花观叶植物。可孤植、丛植、片植于公园、庭园、道路旁等绿地。

梅

Armeniaca mume Sieb.

科　　属：蔷薇科杏属
花 果 期：花期冬、春季，果期5~6月
繁殖方式：扦插繁殖、嫁接繁殖

形态特征

落叶小乔木。叶片卵形或椭圆形，叶边常具小锐锯齿，灰绿色。花香味浓，先于叶开放，花萼通常红褐色，但有些品种的花萼为绿色或绿紫色，花瓣则有白、粉红、红、彩斑等色。核椭圆形。

分布与习性

我国各地均有栽培，但以长江流域以南各省最多。喜光照，稍耐阴；耐寒；耐干旱，喜湿润，忌涝；对土壤要求不高。

观赏特性

先花后叶，花香怡人，为优良的观花植物。可盆栽观赏，也可孤植、丛植、片植于公园、庭园、道路旁等绿地。

杏花

Armeniaca vulgaris Lam.

科　　属：蔷薇科杏属
花 果 期：花期 3~4 月，果期 6~7 月
繁殖方式：扦插繁殖、嫁接繁殖

形态特征

落叶小乔木。树皮灰褐色，纵裂。叶片宽卵形或圆卵形，基部圆形至近心形，叶边有圆钝锯齿。花单生，先叶开放，花萼紫绿色，花后反折，花瓣圆形至倒卵形，白色或带红色，具短爪。果实球形，稀倒卵形，白色、黄色至黄红色，常具红晕，果肉多汁。

分布与习性

我国各地均有栽培，但以长江以北各省较多。喜光照；耐寒，耐高温；耐干旱，忌涝；对土壤要求不高。

观赏特性

先花后叶，花色素雅，果实诱人，为优良的观花植物。可孤植、丛植、片植于公园、庭园、道路旁等绿地。

垂丝海棠

Malus halliana Koehne.

科　　属：蔷薇科苹果属
花 果 期：花期 3~4 月，果期 9~10 月
繁殖方式：扦插繁殖、嫁接繁殖

形态特征

落叶小乔木或灌木。叶片卵形或椭圆形至长椭卵形。伞房花序，花梗细弱，下垂，花粉红色。果实梨形或倒卵形。

分布与习性

我国分布于江苏、浙江、安徽、陕西、四川、云南等地，现广泛栽培。喜光照，不耐阴；喜温暖湿润气候，不耐寒；耐干旱，忌涝；对土壤要求不高。

观赏特性

优良的观花植物。可孤植、丛植、片植于公园、庭园、道路旁等绿地。

湖北海棠

Malus hupehensis (Pamp.) Rehd.

别　　名：野海棠
科　　属：蔷薇科苹果属
花 果 期：花期 4~5 月，果期 8~9 月
繁殖方式：扦插繁殖、播种繁殖

形态特征

落叶乔木。叶片卵形至卵状椭圆形，边缘有细锐锯齿。伞房花序，具花 4~6 朵，花瓣倒卵形，花蕾粉红，花开粉白色或近白色。果实椭圆形或近球形，红色。

分布与习性

我国分布于湖北、湖南、江西、江苏、浙江、安徽、福建、广东、甘肃、陕西、河南、山西等地。喜光照；耐寒；耐干旱，耐涝，耐盐碱；对土壤要求不高。

观赏特性

树形优美，花色淡雅，为优良的观花植物。可孤植、丛植、片植于公园、庭园、道路旁等绿地。

枇杷

Eriobotrya japonica (Thunb.) Lindl.

科　　属：蔷薇科枇杷属
花 果 期：花期 10~12 月，果期 5~6 月
繁殖方式：扦插繁殖、嫁接繁殖

形态特征

常绿小乔木。密生锈色或灰棕色绒毛。叶片革质，披针形、倒披针形、倒卵形或椭圆长圆形，上部边缘有疏锯齿，基部全缘，上面光亮、多皱，下面密生灰棕色绒毛。圆锥花序顶生，具多花，花瓣白色。果实球形或长圆形，黄色或橘黄色。

分布与习性

我国分布于甘肃、陕西、河南、江苏、安徽、浙江、江西、湖北、湖南、四川、云南、贵州、广西、广东、福建、台湾等地，现广泛栽培。喜光照，稍耐阴；稍耐寒；对土壤要求不高。

观赏特性

著名的果树。可作为行道树，也可孤植、丛植、片植于公园、庭园等绿地。

白花羊蹄甲

Bauhinia acuminata L.

科　　属：豆科羊蹄甲属
花 果 期：花期 4~6 月或全年，果期 6~8 月
繁殖方式：扦插繁殖、播种繁殖

形态特征

小乔木或灌木。小枝曲折，无毛。叶近革质，羊蹄形。总状花序腋生，呈伞房花序式，密集，少花（3~15 朵），花白色。荚果线状倒披针形，扁平。

分布与习性

我国分布于云南、广西和广东等地，印度、斯里兰卡、马来半岛、越南、菲律宾等也有分布，现广泛栽培。喜光照，耐半阴；喜温暖湿润气候，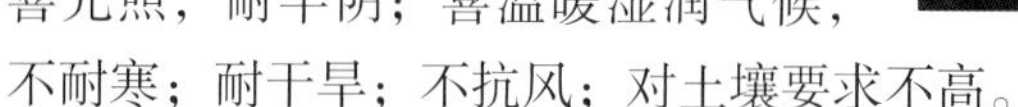不耐寒；耐干旱；不抗风；对土壤要求不高。

观赏特性

树形优美，花色洁白。可作为行道树，也可孤植、丛植于公园、庭园、道路旁等绿地。

亮叶猴耳环

Abarema lucida (Benth.) Kosterm.

科　　属：豆科猴耳环属
花 果 期：花期 4~6 月，果期 7~12 月
繁殖方式：扦插繁殖、播种繁殖

形态特征

乔木。羽片 1~2 对，下部羽片通常具 2~3 对小叶，上部羽片具 4~5 对小叶；小叶斜卵形或长圆形，上面光亮，深绿色。头状花序球形，有花 10~20 朵，花瓣白色。荚果旋卷成环状。

分布与习性

我国分布于浙江、台湾、福建、广东、广西、云南、四川等地。喜光照，耐半阴；喜温暖湿润气候；喜疏松且排水良好的土壤。

观赏特性

果形奇特，为优良的观果植物，可作为行道树，也可孤植、列植于公园、庭园等绿地。

澳洲猴耳环

Archidendron lucyi F. Muell.

科　　属：豆科猴耳环属

花 果 期：花果期夏、秋季

繁殖方式：播种繁殖

形态特征

常绿小乔木。叶片大型，二回或三回羽状复叶，小叶对生，卵形、椭圆形或倒卵形。花簇生，白色。果实豆荚的形状奇特，扭曲成耳环状，成熟的豆荚颜色鲜红。

分布与习性

原产于澳大利亚，现我国南部植物园有栽培。喜光照，耐半阴；喜高温湿润的气候。

观赏特性

花与果形态奇特，都具有较高的观赏价值，可孤植、丛植于公园、庭院等绿地。

南洋楹

Falcataria moluccana (Miq.) Barneby et Grimes

科　　属：豆科南洋楹属
花 果 期：花期 4~7 月
繁殖方式：扦插繁殖、播种繁殖

形态特征

常绿大乔木。树干通直。小叶 6~26 对，菱状长圆形。穗状花序腋生，花初白色，后变黄。荚果带形。

分布与习性

原产于印度尼西亚，我国福建、广东、海南等地有栽培。喜光照，不耐阴；喜温暖湿润气候；喜肥沃土壤。

观赏特性

树形开展，绿荫茂密。可孤植、丛植于公园、庭园等绿地。

腊肠树

Cassia fistula Linn.

别　　名：波斯皂荚
科　　属：豆科腊肠树属
花 果 期：花期 6~8 月，果期 10 月
繁殖方式：播种繁殖

形态特征

落叶小乔木或大乔木。有小叶 3~4 对，对生，薄革质，阔卵形、卵形或长圆形。总状花序长达 30 厘米或更长，疏散，下垂；花与叶同时开放，开花时向后反折，花瓣黄色。荚果圆柱形。

分布与习性

原产于印度、缅甸和斯里兰卡，我国南部和西南部均有栽培。喜光照，耐半阴；喜温暖湿润气候，耐寒；耐干旱；抗风性强；喜排水良好的土壤。

观赏特性

花色明亮，为优良的观花植物，可作为行道树，也可孤植、片植或丛植于公园、庭园等绿地。

仪花

Lysidice rhodostegia Hance.

科　　属：豆科仪花属

花 果 期：花期6~8月，果期9~11月

繁殖方式：播种繁殖、扦插繁殖

形态特征

常绿乔木。小叶3~5对，纸质，长椭圆形或卵状披针形。圆锥花序，花紫红色，卵状长圆形、椭圆形或阔倒卵形；花萼初为黄绿色，开花后渐变为紫红色。荚果倒卵状长圆形。

分布与习性

我国分布于广东、香港、广西等地。喜光照，耐半阴；喜温暖湿润气候；耐热；忌涝；喜排水良好且肥沃的土壤。

观赏特性

花多密集，花形奇特，满树繁花，极为壮观，是优良的观花观叶植物，可作为行道树，也可孤植于公园、庭园等绿地。

中国无忧花

Saraca dives Pierre.

别　　名：火焰花
科　　属：豆科无忧花属
花 果 期：花期 4~5 月，果期 7~10 月
繁殖方式：播种繁殖、扦插繁殖、压条繁殖

形态特征

乔木。叶有小叶 5~6 对，下垂，近革质，长椭圆形、卵状披针形或长倒卵形。花序腋生，花黄色。荚果棕褐色，扁平。

分布与习性

原产于我国云南、广西等地。喜光照，耐半阴；喜温暖湿润气候；不耐寒；忌涝；喜排水良好且肥沃的土壤。

观赏特性

花多密集，花形奇特，是优良的观花观叶植物，可作为行道树，也可孤植于公园、庭园等绿地。

台湾相思

Acacia confusa Merr.

科　　属：豆科金合欢属
花 果 期：花期3~10月，果期8~12月
繁殖方式：扦插繁殖、播种繁殖

形态特征

常绿乔木。叶柄变为叶状柄，叶状柄革质，披针形，直或微呈弯镰状，两端渐狭，先端略钝。头状花序球形，单生或2~3个簇生于叶腋，花金黄色，有微香。荚果扁平。

分布与习性

我国分布于台湾、福建、广东、广西、云南，现广泛栽培。喜光照，耐半阴；喜温暖湿润气候；耐寒；耐干旱瘠薄；对土壤要求不高。

观赏特性

花形奇特，花色金黄。可孤植、丛植于公园、庭园、道路旁等绿地。

刺桐

Erythrina variegata Linn.

科　　属：豆科刺桐属
花 果 期：花期3月，果期8月
繁殖方式：扦插繁殖

形态特征

落叶大乔木。羽状复叶具3小叶，常密集枝端，小叶膜质，宽卵形或菱状卵形。总状花序顶生，花深红色。荚果黑色，呈念珠状。

分布与习性

原产于印度至大洋洲，现广泛栽培。喜光照，耐半阴；喜温暖湿润气候；耐干旱；喜疏松肥沃的土壤。

观赏特性

花形独特。可作行道树，也可孤植、列植于公园、庭园等绿地。

鸡冠刺桐

Erythrina crista-galli Linn.

科　　属：豆科刺桐属
花 果 期：花期4~7月，果期秋季
繁殖方式：扦插繁殖

形态特征

落叶灌木或小乔木。茎和叶柄稍具皮刺。奇数羽状复叶，具3小叶；小叶长卵形或披针状长椭圆形。总状花序顶生，花橙红色，形似鸡冠。荚果褐色。

分布与习性

原产于墨西哥，现广泛栽培。喜光照，稍耐阴；喜温暖湿润气候；耐寒；耐干旱；耐盐碱；喜疏松肥沃的土壤。

观赏特性

花形似鸡冠，为优良的观花植物。可作行道树，也可孤植、列植于公园、庭园等绿地。

麻楝

Chukrasia tabularis A. Juss.

科　　属：楝科麻楝属
花 果 期：花期 4~5 月，果期 7 月至次年 1 月
繁殖方式：扦插繁殖、播种繁殖

形态特征

乔木。叶通常为偶数羽状复叶，小叶 10~16 枚互生，纸质，卵形至长圆状披针形。圆锥花序顶生，花黄色或略带紫色，有香味。蒴果灰黄色或褐色，近球形或椭圆形。

分布与习性

现广泛栽培。喜光照；喜温暖湿润气候；耐干旱；喜疏松且排水良好的土壤。

观赏特性

优良的观叶植物。可作行道树，也可孤植、丛植于公园、庭园等绿地。

杧果

Mangifera indica L.

科　　属：漆树科杧果属
花 果 期：花期5~6月，果期6~7月
繁殖方式：扦插繁殖、嫁接繁殖

形态特征

常绿大乔木。叶薄革质，常集生枝顶，叶形和大小变化较大，通常为长圆形或长圆状披针形，边缘皱波状，无毛，叶面略具光泽。圆锥花序，多花密集，花小，杂性，黄色或淡黄色。核果大，肾形（栽培品种其形状和大小变化极大），成熟时黄色，味甜。

分布与习性

我国分布于云南、广西、广东、福建、台湾，现广泛栽培。喜光照，耐半阴；喜高温高湿气候；不耐寒，耐热；喜疏松且排水良好的土壤。

观赏特性

树形挺拔，为著名的热带水果。可作行道树，也可孤植、丛植于公园、庭园等绿地。

乌桕

Sapium sebiferum (L.) Roxb.

科　　属：大戟科乌桕属
花 果 期：花期 4~8 月
繁殖方式：扦插繁殖

形态特征

乔木。叶互生，纸质，叶片菱形、菱状卵形或稀有菱状倒卵形。花单性，雌雄同株，聚集成顶生，雄花花梗纤细，雌花花梗粗壮。蒴果梨状球形，成熟时黑色。

分布与习性

现广泛分布。喜光照；喜温暖湿润气候；不耐寒；耐旱；对土壤要求不高。

观赏特性

优良的观叶植物。可作行道树，也可片植、列植或丛植于公园、庭园等绿地。

琴叶珊瑚

Jatropha integerrima Jacq.

科　　属：大戟科麻疯树属
花 果 期：花期春季至秋季
繁殖方式：扦插繁殖、播种繁殖

形态特征

常绿小乔木。单叶互生，倒阔披针形，叶面为浓绿色，叶背为紫绿色。聚伞花序，花红色，似樱花，另有粉红品种。蒴果成熟时呈黑褐色。

分布与习性

原产于西印度群岛，现广泛栽培。喜光照；喜高温高湿气候；不耐寒；不耐旱；喜疏松肥沃，富含有机质的酸性沙质土壤。

观赏特性

优良的观叶观花植物。可作行道树，也可列植或丛植于公园、庭园等绿地。

蝴蝶果

Cleidiocarpon cavaleriei (Levl.) Airy Shaw

科　　属：大戟科蝴蝶果属
花 果 期：花果期 5~11 月
繁殖方式：扦插繁殖、播种繁殖

形态特征

常绿乔木。叶纸质，椭圆形，长圆状椭圆形或披针形。圆锥花序，雄花 7~13 朵密集成团伞花序；雌花 1~6 朵，生于花序的基部或中部。果呈偏斜的卵球形或双球形，具微毛。

分布与习性

我国分布于贵州南部，广西西北部、西部和西南部，云南东南部，现广泛栽培。喜光照；喜高温高湿气候；稍耐寒；抗风能力差；喜疏松肥沃的土壤。

观赏特性

树形美观，枝叶浓绿，果形奇特，为优良的观叶观果植物。可作行道树，也可孤植、丛植于公园、庭园等绿地。

野鸦椿

Euscaphis japonica (Thunb.) Dippel

科　　属：省沽油科野鸦椿属
花 果 期：花期5~6月，果期8~9月
繁殖方式：扦插繁殖、播种繁殖

形态特征

落叶小乔木或灌木。枝叶揉碎后发出恶臭气味。叶对生，奇数羽状复叶，厚纸质，长卵形或椭圆形，稀为圆形，边缘具疏短锯齿。圆锥花序顶生，花多，较密集，黄白色。蓇葖果，紫红色。

分布与习性

全国均有分布。喜光照，耐半阴；喜温暖湿润气候；耐寒；耐干旱瘠薄，喜疏松、排水良好、肥沃的土壤。

观赏特性

果形奇特，果色红艳，为优良的观果植物。可孤植、丛植于公园、庭园等绿地，也可种植于山坡。

无患子

Sapindus saponaria L.

科　　属：无患子科无患子属
花 果 期：花期春季，果期夏、秋季
繁殖方式：扦插繁殖、播种繁殖

形态特征

落叶大乔木。小叶5~8对，通常近对生，叶片薄纸质，长椭圆状披针形或稍呈镰形。花序顶生，圆锥形，花小。果近球形，橙黄色，干时变黑。

分布与习性

我国分布于东部、南部至西南部地区。喜光照，耐半阴，忌暴晒；喜高温高湿气候；稍耐寒；喜疏松、排水良好、肥沃的土壤。

观赏特性

树干通直，果形奇特。可作行道树，也可孤植、列植或群植于公园、庭园等绿地。

栾树

Koelreuteria paniculata Laxm.

别　　名：灯笼果
科　　属：无患子科栾树属
花 果 期：花期6~8月，果期9~10月
繁殖方式：扦插繁殖、播种繁殖

形态特征

落叶乔木。一回、不完全二回或偶为二回羽状复叶，小叶对生或互生，纸质，卵形、阔卵形至卵状披针形。花淡黄色，稍芬芳，开花时向外反折。蒴果圆锥形，具3棱，红色。

分布与习性

我国广泛分布，世界各地也有栽培。喜光照，耐半阴；喜温暖湿润气候；稍耐寒；喜疏松、排水良好、肥沃的土壤。

观赏特性

树形优美，春季嫩叶多为红叶，夏季黄花满树，入秋叶色变黄，果实紫红，形似灯笼，十分美丽，为优良的观花观果观叶植物。可作行道树，也可孤植、列植或群植于公园、庭园等绿地。

木棉

Bombax ceiba L.

别　　名：英雄树
科　　属：木棉科木棉属
花 果 期：花期 3~4 月，果夏季成熟
繁殖方式：扦插繁殖、播种繁殖

形态特征

落叶大乔木，分枝平展。掌状复叶，小叶 5~7 片，长圆形至长圆状披针形。花单生枝顶叶腋，通常红色，有时橙红色，花瓣肉质，倒卵状长圆形。蒴果长圆形。

分布与习性

原产于印度、印度尼西亚、菲律宾及我国，现广泛栽培。喜光照；喜温暖湿润气候；不耐寒；稍耐干旱；喜疏松、排水良好、肥沃的微酸性土壤。

观赏特性

春天，一树橙红；夏天，绿叶成荫；秋天，枝叶萧瑟；冬天，秃枝寒树，四季展现不同的风情，为优良的观花观叶植物。可作为行道树，也可孤植、列植或片植于公园、庭园等绿地。

美丽异木棉

Ceiba speciosa (A. St.-Hil.) Ravenna

别　　名：美人树
科　　属：木棉科吉贝属
花 果 期：花期为每年的 9 月至次年 1 月，冬季为盛花期；果次年成熟
繁殖方式：扦插繁殖、播种繁殖

形态特征

落叶大乔木，树冠呈伞形，树干下部膨大，呈酒瓶状，密生圆锥状皮刺。掌状复叶有小叶 5~9 片，小叶椭圆形。花单生，花冠淡紫红色，中心白色。蒴果椭圆形。

分布与习性

原产于巴西、阿根廷，现广泛栽培。喜光照，稍耐阴；喜高温多湿气候；稍耐干旱；忌涝；喜疏松、排水良好、肥沃的微酸性土壤。

观赏特性

树干笔直，树形优美，冬季盛花期满树繁花，美艳动人，为优良的观花观叶植物。可作为行道树，也可孤植、列植或片植于公园、庭园等绿地。

黄槿

Hibiscus tiliaceus Linn.

科　　属：锦葵科木槿属
花 果 期：花期6~8月
繁殖方式：扦插繁殖、播种繁殖

形态特征

常绿乔木。叶革质，近圆形或广卵形，基部心形，全缘或具不明显细圆齿。花序顶生或腋生，常数花排列成聚散花序，花瓣黄色，内面基部暗紫色。蒴果卵圆形。

分布与习性

原产于我国台湾、广东、福建等，东南亚也有分布，现广泛栽培。喜光照；喜温暖湿润气候；耐干旱，耐瘠薄；对土壤要求不高。

观赏特性

优良的观花观叶植物。可作为行道树，也可孤植、列植或片植于公园、庭园等绿地。

假苹婆

Sterculia lanceolata Cav.

科　　属：梧桐科苹婆属
花 果 期：花期4~6月，果期7~9月
繁殖方式：播种繁殖、扦插繁殖

形态特征

常绿乔木。叶椭圆形、披针形或椭圆状披针形。圆锥花序腋生，花淡红色。蓇葖果鲜红色，长卵形或长椭圆形，种子黑褐色，椭圆状卵形。

分布与习性

原产于我国广东、广西、云南、贵州和四川南部等地。喜光照，耐半阴；喜温暖湿润气候；对土壤要求不高。

观赏特性

枝繁叶茂，果形奇特，颜色艳丽。可作行道树，也可孤植或列植于公园、庭园等绿地。

苹婆

Sterculia monosperma Vent.

别　　名：凤眼果

科　　属：梧桐科苹婆属

花 果 期：花期4~5月，8~9月可再次开花；果9~10月成熟

繁殖方式：播种繁殖、扦插繁殖

形态特征

常绿乔木。叶薄革质，矩圆形或椭圆形。圆锥花序顶生或腋生，无花冠，花萼初时乳白色，后转为淡红色，钟状。蓇葖果鲜红色，厚革质，矩圆状卵形，种子椭圆形或矩圆形，黑褐色。

分布与习性

我国分布于广东、广西南部、福建东南部、云南南部和台湾等地。喜光照，耐半阴；喜温暖湿润气候；喜排水良好的肥沃土壤。

观赏特性

枝繁叶茂，花、果形态奇特。可作行道树，也可孤植或列植于公园、庭园等绿地。

木荷

Schima superba Gardn. et Champ.

科　　属：山茶科木荷属
花 果 期：花期 4~5 月，果期 9~11 月
繁殖方式：播种繁殖

形态特征

常绿乔木。叶革质或薄革质，椭圆形，边缘有钝齿。花生于枝顶叶腋，常多朵排成总状花序，白色，花芳香。蒴果。

分布与习性

我国分布于长江流域，现广泛栽培。喜光照，耐半阴；喜温暖湿润气候；耐干旱；对土壤要求不高。

观赏特性

枝繁叶茂，树冠浓郁，花色洁白，有香味，为优良的观花观叶植物。可作行道树，也可孤植、丛植或列植于公园、庭园等绿地。

红木
Bixa orellana L.

别　　名：胭脂木
科　　属：红木科红木属
花 果 期：花期夏、秋季，果期秋、冬季
繁殖方式：播种繁殖、高压繁殖

形态特征

常绿灌木或小乔木。枝棕褐色，密被红棕色短腺毛。叶心状卵形或三角状卵形。圆锥花序顶生，花较大，粉红色。蒴果近球形或卵形。

分布与习性

原产于热带美洲，现广泛栽培。喜光照；喜高温多湿气候；耐干旱；对土壤要求不高。

观赏特性

花色素雅，果色艳丽，为优良的观花观果植物。可作行道树，也可孤植、丛植或列植于公园、庭园等绿地。

番木瓜

Carica papaya L.

科　　属：番木瓜科番木瓜属
花 果 期：花果期全年
繁殖方式：压条繁殖、扦插繁殖

形态特征

常绿小乔木。具乳汁。叶大，聚生于茎顶端，近盾形，通常5~9深裂。植株有雄株、雌株和两性株。雄花排列成圆锥花序，下垂，花冠乳黄色。雌花单生或由数朵排列成伞房花序，着生叶腋内，乳黄色或黄白色。浆果肉质，成熟时橙黄色或黄色，长圆球形、倒卵状长圆球形、梨形或近圆球形，果肉柔软多汁，味香甜。

分布与习性

原产于热带美洲，现广泛栽培。喜光照；喜高温多湿气候；不耐寒，忌涝；对土壤要求不高。

观赏特性

观叶观果植物，果可食。可孤植、丛植于公园、庭园、道路旁等绿地。

喜树

Camptotheca acuminata Decne.

科　　属：蓝果树科喜树属
花 果 期：花期 5~7 月，果期 9 月
繁殖方式：播种繁殖、扦插繁殖

形态特征

落叶乔木。叶互生，纸质，矩圆状卵形或矩圆状椭圆形，全缘。头状花序近球形，常由 2~9 个头状花序组成圆锥花序，顶生或腋生，通常上部为雌花序，下部为雄花序，花瓣淡绿色。翅果矩圆形。

分布与习性

我国分布于江苏、浙江、福建、江西、四川、贵州、广东、云南等地。喜光照，稍耐阴；喜温暖湿润气候；不耐寒；不耐旱，较耐水湿；耐盐碱；对土壤要求不高。

观赏特性

观叶观果植物。可作行道树，也可孤植、丛植于公园、庭园等绿地。

红花玉蕊

Barringtonia reticulata Miq.

别　　名：锐棱玉蕊
科　　属：玉蕊科玉蕊属
花 果 期：花期几乎全年
繁殖方式：播种繁殖、扦插繁殖

形态特征

常绿乔木。叶常丛生枝顶，纸质，倒卵形至倒卵状椭圆形或倒卵状矩圆形，边缘有圆齿状小锯齿。总状花序顶生，下垂，花瓣 4，椭圆形至卵状披针形。果实卵圆形，微具 4 钝棱。

分布与习性

原产于我国。喜光照；喜温暖湿润气候；不耐寒，对土壤要求不高。

观赏特性

观花植物，花夜晚开放。可作为行道树，也可孤植、丛植或列植于公园、庭园等绿地。

大花紫薇

Lagerstroemia speciosa (L.) Pers.

别　　名：大叶紫薇
科　　属：千屈菜科紫薇属
花 果 期：花期 5~8 月，果期 10~11 月
繁殖方式：播种繁殖、扦插繁殖

形态特征

大乔木。叶革质，矩圆状椭圆形或卵状椭圆形。顶生圆锥花序，花淡红色或紫色。蒴果球形至倒卵状矩圆形。花期 5~7 月，果期 10~11 月。

分布与习性

全国各地均有栽培。喜光照，稍耐阴；喜温暖湿润气候；对土壤要求不高。

观赏特性

花大美丽，为观花植物。可作行道树，也可孤植、丛植或列植于公园、庭园等绿地。

白千层

Melaleuca leucadendron L.

科　　属：桃金娘科白千层属
花 果 期：花期每年多次
繁殖方式：播种繁殖、扦插繁殖

形态特征

乔木。树皮灰白色，厚而松软，呈薄层状剥落。叶互生，叶片革质，披针形或狭长圆形，多油腺点，香气浓郁。花白色，密集于枝顶成穗状花序。蒴果近球形。

分布与习性

原产于澳大利亚，现广泛栽培。喜光照；喜温暖湿润气候；耐干旱，耐高温；耐瘠薄；对土壤要求不高。

观赏特性

树形优美，枝叶繁密。可作行道树，也可孤植、列植于公园、庭园等绿地。

千层金

Melaleuca bracteata F. Muell.

别　　名：溪畔白千层、黄金香柳
科　　属：桃金娘科白千层属
繁殖方式：扦插繁殖

形态特征

常绿小乔木或灌木。主干直立，枝条细长柔软，秋、冬、春三季叶片表现为金黄色，夏季由于温度较高为鹅黄色，叶片还具有香气。

分布与习性

原产于新西兰、荷兰等，现广泛栽培。喜光照；喜温暖湿润气候；耐干旱，耐高温；抗风；耐盐碱；对土壤要求不高。

观赏特性

树形优美，叶色金黄，为优良的观叶植物。可作行道树，也可孤植、列植于公园、庭园等绿地。

红千层

Callistemon rigidus R. Br.

科　　属：桃金娘科红千层属
花 果 期：花期6~8月
繁殖方式：扦插繁殖

形态特征

常绿小乔木。叶片坚革质，线形，油腺点明显，干后突起。穗状花序生于枝顶，花瓣绿色，卵形，雄蕊鲜红色。蒴果半球形。

分布与习性

原产于澳大利亚，现广泛栽培。喜光照；喜温暖湿润气候；耐干旱，耐高温；耐干旱瘠薄；喜肥沃潮湿的酸性土壤。

观赏特性

树形优美，花色艳丽，花形似瓶刷，又称瓶刷树，为优良的观花植物。可作行道树，也可孤植、列植于公园、庭园等绿地。

金蒲桃

Xanthostemon chrysanthus (F.Muell.) Benth.

别　　名：金黄熊猫、澳洲黄花树
科　　属：桃金娘科金缨木属
花 果 期：全年有花，盛花期为每年 11 月到次年 2 月
繁殖方式：高压繁殖

形态特征

常绿小乔木。叶革质，对生、互生或丛生枝顶，披针形，全缘。聚伞花序，花金黄色。

分布与习性

原产于澳大利亚，现广泛栽培。喜光照；喜温暖湿润气候；喜排水良好的土壤。

观赏特性

盛花期时，满树金黄，极为壮观。可作行道树，也可丛植、孤植于公园、庭园等绿地。

蒲桃

Syzygium jambos (L.) Alston

科　　属：桃金娘科蒲桃属
花 果 期：花期3~4月，果实5~6月成熟
繁殖方式：播种繁殖、扦插繁殖

形态特征

常绿乔木。叶片革质，披针形或长圆形，叶面多透明细小腺点。聚伞花序顶生，有花数朵，花白色。果实球形，成熟时黄色，有油腺点。

分布与习性

我国分布于台湾、福建、广东、广西、贵州、云南等地，现广泛栽培。喜光照；喜温暖湿润气候；耐热；耐旱；对土壤要求不高。

观赏特性

叶色翠绿，花形奇特。可作行道树，也可孤植、丛植、列植于公园、庭园等绿地。

小叶榄仁

Terminalia neotaliala Capuron.

科　　属：使君子科榄仁属

花 果 期：花期 3~6 月，果期 7~9 月。

繁殖方式：播种繁殖、扦插繁殖。

形态特征

落叶乔木。主干浑圆挺直，侧枝层层分明有序，水平向四周开展。小叶枇杷形，冬季落叶。穗状花序，花小而不显著。

分布与习性

原产于非洲，现广泛栽培。喜光照，耐半阴；喜温暖湿润气候；耐盐碱；喜疏松、排水良好的土壤。

观赏特性

树形挺拔优美，有层次感。可作行道树，也可列植、孤植、丛植于公园、庭园、道路旁等绿地。

昆士兰伞木

Schefflera actinophylla (Endl.) Harms

别　　名：澳洲鸭脚木、辐叶鹅掌柴
科　　属：五加科鹅掌柴属
花 果 期：花期春季
繁殖方式：播种繁殖、扦插繁殖

形态特征

常绿乔木。叶为掌状复叶，叶片阔大，椭圆形，革质，柔软下垂，形似伞状。圆锥状花序，花小型。

分布与习性

各地广泛栽培。喜光照，耐半阴；喜温暖湿润气候；不耐干旱，不耐水湿；喜疏松、排水良好的微酸性土壤。

观赏特性

优良的观叶植物。可片植、丛植、孤植于公园、庭园等绿地。

人心果

Manilkara zapota (Linn.) van Royen

科　　属：山榄科铁线子属
花 果 期：花果期 4~9 月
繁殖方式：扦插繁殖

形态特征

乔木。叶互生，革质，长圆形或卵状椭圆形，全缘或稀微波状。花 1~2 朵生于枝顶叶腋，花白色。浆果纺锤形、卵形或球形，褐色，果肉黄褐色。

分布与习性

原产于美洲热带地区，现我国广东、广西、云南等地有栽培。喜光照；喜高温多湿的气候；耐旱；喜疏松、肥沃、排水良好的土壤。

观赏特性

观叶观果植物，果熟时可食。可盆栽观赏，也可丛植于公园、庭园等绿地。

桂花

Osmanthus fragrans (Thunb.) Lour.

别　　名：木樨
科　　属：木樨科木樨属
花 果 期：花期 9 月至 10 月上旬，果期次年 3 月
繁殖方式：扦插繁殖、高压繁殖

形态特征

常绿乔木或灌木。叶片革质，椭圆形、长椭圆形或椭圆状披针形，全缘或通常上半部具细锯齿。聚伞花序腋生，花极芳香，花黄白色、淡黄色、黄色或橘红色。果歪斜，椭圆形。

分布与习性

原产于我国西南部，现广泛栽培。喜光照；喜温暖湿润的气候；耐热，耐寒；喜疏松、肥沃、排水良好的土壤。

观赏特性

观花植物。可作行道树，也可孤植、丛植于公园、庭园等绿地。

橙花夹竹桃

Thevetia thevetioides (Kunth) Schumann

别　　名：红酒杯花
科　　属：夹竹桃科黄花夹竹桃属
花 果 期：花期夏季
繁殖方式：扦插繁殖

形态特征

常绿小乔木。全株具丰富乳汁。叶互生，近革质，无柄，线形或线状披针形，光亮，全缘。聚伞花序顶生，花漏斗状，橙红色或粉黄色，具芳香。核果扁三角状球形。

分布与习性

原产于墨西哥，现我国南方地区有栽培。喜光照；喜温暖湿润气候；耐干旱；对土壤要求不高。

观赏特性

花色明亮，为优良的观叶观花植物。可片植、丛植于公园、庭园、道路旁等绿地，也可种植于墙垣边。

黄花夹竹桃

Thevetia peruviana (Pers.) K. Schum.

科　　属：夹竹桃科黄花夹竹桃属
花 果 期：花期 5~12 月，果期 8 月至次年春季
繁殖方式：扦插繁殖

形态特征

小乔木。小枝下垂，全株具丰富乳汁。叶互生，近革质，无柄，线形或线状披针形，全缘。花大，黄色，具香味，顶生聚伞花序。核果扁三角状球形。

分布与习性

原产于美洲，我国台湾、福建、广东、广西和云南等地均有栽培。喜光照；喜温暖湿润气候；耐干旱；对土壤要求不高。

观赏特性

花色亮黄，为优良的观叶观花植物。可片植、丛植于公园、庭园、道路旁等绿地，也可种植于墙垣边。

海杧果

Cerbera manghas Linn.

科　　属：夹竹桃科海杧果属
花 果 期：花期 3~10 月，果期 7 月至次年 4 月
繁殖方式：扦插繁殖、播种繁殖

形态特征

常绿乔木。叶互生，倒卵状披针形或倒卵状矩圆形。聚伞花序顶生，花高脚碟状，白色，喉部红色。核果，椭圆形或卵圆形，橙黄色。

分布与习性

我国分布于广东、广西、台湾、海南等地，现澳大利亚和亚洲各地均有栽培。喜光照，耐半阴；喜温暖湿润气候；对土壤要求不高。

观赏特性

花色洁白美丽，果形奇特，为优良的观花观果植物。可孤植、丛植或列植于公园、庭园、道路旁等绿地。

鸡蛋花

Plumeria rubra L. ‘Acutifolia’

科　　属：夹竹桃科鸡蛋花属
花 果 期：花期 5~10 月；果期一般为 7~12 月，但栽培种极少结果
繁殖方式：扦插繁殖

形态特征

落叶小乔木。叶厚纸质，长圆状倒披针形或长椭圆形，叶面深绿色，叶背浅绿色，两面无毛。聚伞花序顶生，花冠外白内黄，像极了鸡蛋，因此得名鸡蛋花。常见栽培的原种为红鸡蛋花 *P. rubra*。

分布与习性

原产于热带美洲，现热带、温带地区多有栽培。喜光照；喜高温高湿气候，耐热，不耐寒；耐干旱；喜疏松、肥沃、排水良好的土壤。

观赏特性

花大艳丽，为优良的观花植物。可孤植、丛植或片植于公园、庭园等绿地。

戟叶鸡蛋花

Plumeria pudica Jacq.

别　　名：缅雪花
科　　属：夹竹桃科鸡蛋花属
花 果 期：花期 5~10 月；栽培极少结果，一般为 7~12 月
繁殖方式：扦插繁殖。

形态特征

落叶小乔木。具丰富乳汁。叶厚纸质，叶互生，簇生枝端，戟形或匙形。聚伞花序顶生，纯白色，喉部黄色，具芳香。蓇葖果双生，圆筒形。

分布与习性

原产于巴拿马、哥伦比亚、委内瑞拉，现热带、温带地区多有栽培。喜光照；喜高温高湿气候，耐热，不耐寒；耐干旱；喜疏松、肥沃、排水良好的土壤。

观赏特性

花大而白，叶形奇特，为优良的观花观叶植物。可孤植、丛植或片植于公园、庭园等绿地。

云南蕊木

Kopsia arborea Tsiang et P. T. Li

科　　属：夹竹桃科蕊木属

花 果 期：花期4~9月，果期9~12月

繁殖方式：播种繁殖

形态特征

常绿乔木。叶坚纸质，椭圆状长圆形或椭圆形。聚伞花序复总状，花白色，高脚碟状。核果椭圆形，成熟后黑色。

分布与习性

我国分布于云南，现热带、温带地区多有栽培。喜光照；喜高温高湿气候，耐热；喜疏松、肥沃、排水良好的土壤。

观赏特性

花形奇特，为优良的观花植物。可作为行道树，也可孤植、丛植或列植于公园、庭园等绿地。

蓝花楹

Jacaranda mimosifolia D. Don

科　　属：紫葳科蓝花楹属
花 果 期：花期春末夏初，果熟期为 11 月
繁殖方式：播种繁殖、扦插繁殖

形态特征

落叶乔木。叶对生，为 2 回羽状复叶，小叶椭圆状披针形至椭圆状菱形，全缘。圆锥花序，花蓝色。蒴果木质，扁卵圆形。

分布与习性

原产于南美，现广泛栽培。喜光照；喜温暖湿润气候；稍耐旱；对土壤要求不高。

观赏特性

花叶都具观赏价值。可作行道树，也可孤植、丛植、列植于公园、庭园等绿地。

黄花风铃木

Handroanthus chrysanthus (Jacq.) S.O.Grose

科　　属：紫葳科风铃木属
花 果 期：花果期春季
繁殖方式：扦插繁殖、播种繁殖、高压繁殖

形态特征

落叶乔木，干直立。掌状复叶，小叶4~5枚，倒卵形，纸质有疏锯齿。花冠漏斗形，也像风铃状，花色鲜黄，花缘皱曲。果实为蓇葖果。

分布与习性

原产于中南美洲，现广泛栽培。喜光照；喜温暖湿润气候；不耐寒；喜疏松、排水良好的土壤。

观赏特性

先花后叶，花色亮黄，满树黄花极为美丽。可作行道树，也可孤植、丛植或列植于公园、庭园等绿地。

火焰树

Spathodea campanulata Beauv.

科　　属：紫葳科火焰树属
花 果 期：花期 4~5 月
繁殖方式：扦插繁殖、播种繁殖、高压繁殖

形态特征

落叶乔木。奇数羽状复叶，对生，叶片椭圆形至倒卵形，全缘。伞房状总状花序，顶生，密集，花橘红色，具紫红色斑点。蒴果黑褐色。

分布与习性

原产于非洲，现广泛栽培于印度、斯里兰卡。我国广东、福建、台湾、云南均有栽培。喜光照；喜温暖湿润气候；

耐热；耐旱；耐瘠薄，喜疏松、排水良好的土壤。

观赏特性

花大色艳，满树繁花极为美丽。可作行道树，也可孤植、丛植或列植于公园、庭园等绿地。

火烧花

Mayodendron igneum (Kurz) Kurz

科　　属：紫葳科火烧花属
花 果 期：花期 2~5 月，果期 5~9 月
繁殖方式：嫁接繁殖、高压繁殖

形态特征

常绿乔木。大型奇数 2 回羽状复叶，小叶卵形至卵状披针形，全缘。花序有花 5~13 朵，组成短总状花序着生于老茎或侧枝上，花冠橙黄色至金黄色，筒状。蒴果长线形，下垂。

分布与习性

我国分布于台湾、广东、广西、云南南部，现广泛栽培。喜光照；喜高温高湿气候；耐热，不耐旱；喜疏松、排水良好的土壤。

观赏特性

花大色艳，老茎生花，满树繁花极为美丽。可孤植、丛植于公园、庭园等绿地。

双色木番茄

Solanum macranthum Dunal.

别　　名：树茄、大花茄
科　　属：茄科茄属
花 果 期：花期几乎全年
繁殖方式：播种繁殖、扦插繁殖

形态特征

常绿小乔木或大灌木。叶互生，羽状半裂，裂片为不规则的卵形或披针形。花非常大，花冠紫色、浅紫色至淡白色。

分布与习性

原产于巴西，现广泛栽培。喜光照；喜温暖湿润气候；耐旱，对土壤要求不高。

观赏特性

花大而艳丽，为优良的观花植物。可孤植、丛植于公园、庭园等绿地。

木本曼陀罗

Datura arborea L.

科　　属：茄科曼陀罗属
花 果 期：花期 6~10 月
繁殖方式：扦插繁殖、播种繁殖

形态特征

小乔木。叶卵状披针形、矩圆形或卵形，全缘、微波状或具不规则缺刻状齿。花单生，俯垂，花长漏斗状。浆果状蒴果，广卵状。

分布与习性

原产于美洲，现广泛栽培。喜光照；喜温暖湿润气候；对土壤要求不高。

观赏特性

花大芳香，花形下垂，为优良的观花植物。可孤植、丛植、片植于公园、庭园的绿地。

灌木

苏铁

Cycas revoluta Thunb.

科　　属：苏铁科苏铁属
花 果 期：花期 6~8 月，种子 10 月成熟
繁殖方法：分蘖繁殖

形态特征

常绿木本植物。叶从茎顶部长出，一回羽状复叶，厚革质且坚硬，羽状裂片达 100 对以上，向上斜展微成“V”字形。雌雄异株，雄球花圆柱形，雌球花扁球形。种子熟时红褐色或橙红色。

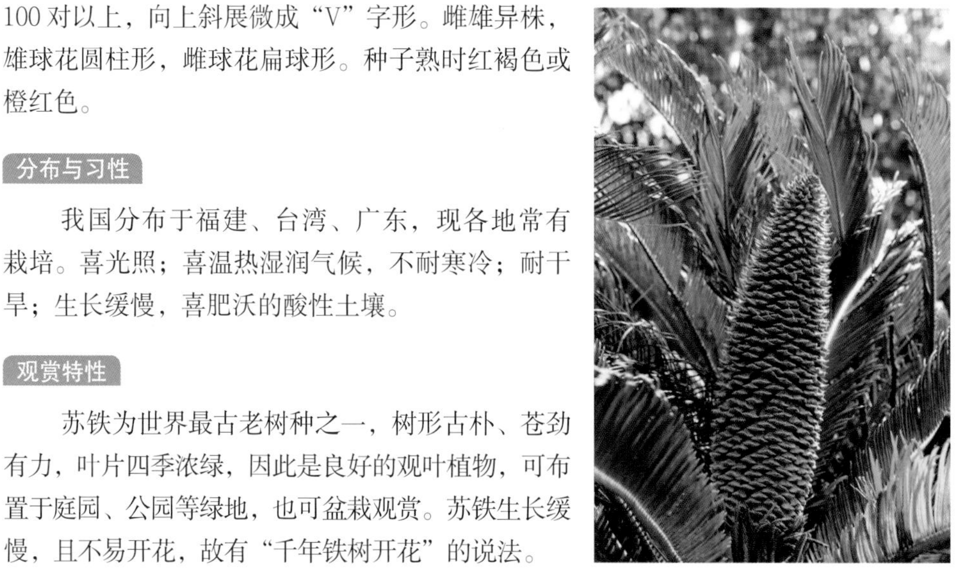

分布与习性

我国分布于福建、台湾、广东，现各地常有栽培。喜光照；喜温热湿润气候，不耐寒冷；耐干旱；生长缓慢，喜肥沃的酸性土壤。

观赏特性

苏铁为世界最古老树种之一，树形古朴、苍劲有力，叶片四季浓绿，因此是良好的观叶植物，可布置于庭园、公园等绿地，也可盆栽观赏。苏铁生长缓慢，且不易开花，故有“千年铁树开花”的说法。

龟背竹

Monstera deliciosa Liebm.

科　　属：天南星科龟背竹属
花 果 期：花期 8~9 月，果于次年花期之后成熟
繁殖方式：分株繁殖、扦插繁殖

形态特征

攀缘灌木。具气生根。叶片大，轮廓心状卵形，厚革质，表面发亮，淡绿色，背面绿白色，叶脉间有椭圆形的穿孔。佛焰苞厚革质，宽卵形，舟状，苍白带黄色。肉穗花序近圆柱形，淡黄色。

分布与习性

原产于墨西哥，现广泛栽培。耐阴，忌强光；喜温暖湿润气候；怕冻；怕干旱；对土壤要求不高。

观赏特性

叶形奇特，为优良的观叶植物。可作垂直绿化种植于公园、庭园的墙垣，也可作为地被种植，还可盆栽观赏。

亮叶朱蕉

Cordyline fruticosa 'Aichiaka'

别　　名：亮叶千年木、亮叶红铁树
科　　属：百合科朱蕉属
繁殖方式：扦插繁殖

形态特征

常绿灌木。茎秆直立。叶剑形或阔披针形，绿色带红色条纹，色泽亮丽。花淡红色至紫色。浆果红色。

分布与习性

现广泛栽培应用，多分布于中国、印度、马来西亚至太平洋岛屿。喜光，但忌强光直射；喜高温多湿环境；喜排水良好的土壤。

观赏特性

叶色亮丽，为优良的观叶植物，可应用于公园、道路等绿地，也可盆栽观赏。

三角梅

Bougainvillea glabra Choisy.

别　　名：三角花
科　　属：紫茉莉科叶子花属
花 果 期：花期几乎全年，盛花期冬、春季
繁殖方式：扦插繁殖、嫁接繁殖

形态特征

灌木。茎粗壮，枝下垂，具刺。叶片纸质，卵形或卵状披针形。花顶生，常3朵簇生，苞片叶状，紫色或洋红色，长圆形或椭圆形。

分布与习性

原产于巴西，现广泛栽植。喜光照，耐半阴；喜温暖湿润气候，不耐寒冷，耐高温；耐干旱；对土壤要求不高，在排水良好、富含矿物质的土壤中生长较好。

观赏特性

现园艺栽培种丰富，苞片颜色鲜艳丰富，叶片也有花叶品种，是优良的观花观叶植物。可盆栽观赏，也可种植于庭园、公园等绿地、墙垣、栏架。

牡丹

Paeonia suffruticosa Andr.

别　　名：木芍药
科　　属：毛茛科芍药属
花 果 期：花期4~5月，果期夏、秋季
繁殖方式：播种繁殖、嫁接繁殖

形态特征

落叶灌木。叶互生，通常为二回三出复叶，顶生小叶三裂。花单生枝顶，花大有重瓣、单瓣，花色丰富，有玫瑰色、红紫色、粉红色至白色。蓇葖果长圆形。

分布与习性

原产于我国，现广泛栽培。喜光照；喜冷凉气候；喜湿润，较耐干旱；不耐热；耐寒，忌水湿；喜排水良好、疏松肥沃的土壤。

观赏特性

花大而美丽，品种繁多，既有单瓣也有重瓣，是我国著名的观花植物。可盆栽观赏，也可应用于花坛、花境中，还可作为切花。

南天竹

Nandina domestica Thunb.

科　　属：小檗科南天竹属
花 果 期：花期3~6月，果期5~11月
繁殖方式：扦插繁殖、分株繁殖

形态特征

常绿小灌木。叶互生，三回羽状复叶，小叶薄革质，椭圆形或椭圆状披针形，全缘，上面深绿色，冬季变红色。圆锥花序直立，花小，白色，具芳香。浆果球形，熟时鲜红色，稀橙红色。

分布与习性

我国分布于长江流域，现广泛栽培。喜光照，耐半阴；喜温暖湿润气候，耐寒；耐干旱；对土壤要求不高。

观赏特性

冬季变色，为色叶树种，观叶、观果植物。可盆栽观赏，也可种植于公园、庭园等绿地。

含笑花

Michelia figo (Lour.) Spreng.

科　　属：木兰科含笑属
花 果 期：花期 3~5 月，果期 7~8 月
繁殖方式：播种繁殖、嫁接繁殖、扦插繁殖

形态特征

常绿灌木。叶革质，狭椭圆形或倒卵状椭圆形。花单生叶腋，直立，花瓣肉质，较肥厚，淡黄色且边缘有时红色或紫色，具甜浓的芳香。聚合果。

分布与习性

原产于我国华南地区，现广泛栽培。喜半阴，忌阳光暴晒；喜温暖湿润气候；不耐寒；忌涝；对土壤要求不高。

观赏特性

花香甜，花形娇小可爱，是优良的观花植物。可种植于公园、庭园等绿地，也可盆栽观赏。

紫花含笑
Michelia crassipes Law.

科　　属：木兰科含笑属
花 果 期：花期 4~5 月，果期 8~9 月
繁殖方式：播种繁殖、嫁接繁殖

形态特征

常绿灌木或小乔木。叶革质，狭长圆形、倒卵形或狭倒卵形，很少狭椭圆形。花紫红色或深紫色，极芳香。聚合果。

分布与习性

原产于我国，现已广泛栽培。喜半阴，忌阳光暴晒；喜温暖湿润气候；较耐寒；忌涝；喜疏松、肥沃、排水良好的微酸性土壤。

观赏特性

花香甜，花形娇小可爱，花色典雅，是优良的观花植物。可种植于公园、庭园等绿地，也可盆栽观赏。

蜡梅

Chimonanthus praecox (Linn.) Link

科　　属：蜡梅科蜡梅属
花 果 期：花期 11 月至次年 3 月，果期 4~11 月
繁殖方式：分株繁殖、扦插繁殖、嫁接繁殖

形态特征

落叶灌木。叶纸质至近革质，卵圆形、椭圆形、宽椭圆形至卵状椭圆形，有时长圆状披针形。先花后叶，芳香，花黄色，蜡质。聚合果，紫褐色。

分布与习性

我国分布于山东、江苏、安徽、浙江、福建、江西、湖南、湖北、河南、陕西、四川、贵州、云南等地，现广泛栽植。喜半阴；喜温暖湿润的气候；耐寒；较耐旱；喜肥沃及排水良好的土壤。

观赏特性

先花后叶，冬季开花，满树黄花甚是美丽。可种植于庭园、公园等绿地，也是插花好材料。

鹰爪花

Artabotrys hexapetalus (Linn. f.) Bhandari

科　　属：番荔枝科鹰爪花属
花 果 期：花期 5~8 月，果期 5~12 月
繁殖方式：扦插繁殖、播种繁殖

形态特征

攀缘灌木。叶纸质，长圆形或阔披针形。花 1~2 朵，淡绿色或淡黄色，芳香。果卵圆状，数个群集于果托上。

分布与习性

我国分布于浙江、台湾、福建、江西、广东、广西和云南等地，现广泛栽植。喜光照，耐半阴；喜温暖湿润的气候，不耐寒；喜肥沃及排水良好的土壤。

观赏特性

花、果形态奇特，可盆观赏，也可种植于庭园、公园的棚架、花架、墙垣等地。

假鹰爪

Desmos chinensis Lour.

科　　属：番荔枝科假鹰爪属
花 果 期：花期夏至冬季，果期6月至次年春季
繁殖方式：扦插繁殖、播种繁殖

形态特征

直立或攀缘灌木。叶薄纸质或膜质，长圆形或椭圆形，少数为阔卵形。花黄白色，有香味。果有柄，念珠状。

分布与习性

我国分布于广东、广西、云南和贵州，现广泛栽植。喜光照，耐半阴；喜温暖湿润的气候，不耐寒；耐干旱；喜肥沃及排水良好的土壤。

观赏特性

花、果形态奇特，花香持久，可盆观赏，也可种植于庭园、公园的棚架、花架、墙垣等地。

绣球

Hydrangea macrophylla (Thunb.) Ser.

别　　名：八仙花
科　　属：虎耳草科绣球属
花 果 期：花期6~8月
繁殖方式：扦插繁殖

形态特征

落叶或半常绿灌木。叶纸质或近革质，倒卵形或阔椭圆形，边缘于基部以上具粗齿。伞房状聚伞花序近球形，花密集，有可育及不可育二形花，多数不育，孕性花极少数，不育花粉红色、淡蓝色或白色。蒴果未成熟，长陀螺状。

分布与习性

我国分布于长江流域及以南，现广泛栽培。喜半阴；喜温暖湿润气候；耐干旱；喜肥沃、排水良好的土壤。

观赏特性

园艺品种丰富，花色丰富，花期长，还有花叶品种，为优良的观花观叶植物。可盆栽观赏，也可应用林下花境、花坛、花带、地被、庭院绿化等。

海桐

Pittosporum tobira (Thunb.) Ait.

科　　属：海桐花科海桐花属
花 果 期：花期5月，果期10月
繁殖方式：扦插繁殖、播种繁殖

形态特征

常绿灌木或小乔木。单叶互生，叶革质，倒卵形或倒卵状披针形，上面深绿色，发亮、干后暗晦无光。伞形花序或伞房状伞形花序顶生或近顶生，花白色，有芳香，后变黄色。蒴果圆球形，熟时红色。

分布与习性

我国分布于长江流域，现广泛栽培。喜光照，耐半阴；喜温暖湿润气候，耐寒，耐热；耐干旱；对土壤要求不高。

观赏特性

叶色光亮，还有花叶品种，为优良的观花观叶植物。可种植于公园、庭园等绿地，也可盆栽观赏。

檵木

Loropetalum chinense (R. Br.) Oliv.

科　　属：金缕梅科檵木属
花 果 期：花期 3~4 月
繁殖方式：扦插繁殖、播种繁殖

形态特征

灌木，有时为小乔木。叶革质，卵形。花 3~8 朵簇生，白色，比新叶先开放，或与嫩叶同时开放。蒴果卵圆形。

分布与习性

现广泛栽培。喜光照，耐半阴；喜温暖湿润气候，耐寒；耐干旱；对土壤要求不高。

观赏特性

优良的观花观叶植物，可种植于公园、庭园、道路旁等绿地，也可盆栽观赏。

红花檵木

Loropetalum chinense var. *rubrum* Yieh

科　　属：金缕梅科檵木属
花 果 期：花期3~4月
繁殖方式：扦插繁殖、播种繁殖

形态特征

常绿灌木或小乔木。叶革质，卵形，叶暗紫色。花3~8朵簇生，红色，花瓣线形。蒴果倒卵圆形。

分布与习性

现广泛栽培。喜光照，耐半阴；喜温暖湿润气候，耐寒；耐干旱；对土壤要求不高。

观赏特性

优良的观花观叶植物，可种植于公园、庭园、道路旁等绿地，也可盆栽观赏。

玫瑰

Rosa rugosa Thunb.

科　　属：蔷薇科蔷薇属
花 果 期：花期 5~6 月，果期 8~9 月
繁殖方式：扦插繁殖、嫁接繁殖

形态特征

直立灌木。茎粗壮，小枝有皮刺。小叶 5~9，小叶片椭圆形或椭圆状倒卵形，边缘有尖锐锯齿。花单生于叶腋，或数朵簇生，花紫红色，有香味。果扁球形。

分布与习性

原产于我国华北地区，以及日本和朝鲜，现我国各地均有栽培。喜光照；喜温暖湿润气候，耐寒；喜疏松肥沃的微酸性沙质土壤。

观赏特性

花色不如月季丰富，但香气浓郁，为优良的观花植物。可种植于公园、庭园、道路旁等绿地，也可盆栽观赏，同时也是切花的好材料。

月季花

Rosa spp.

别　　名：月月花
科　　属：蔷薇科蔷薇属
花 果 期：花期几乎全年
繁殖方式：扦插繁殖、嫁接繁殖

形态特征

常绿或半常绿灌木。有短粗的钩状皮刺或无。小叶 3~5，稀 7，小叶片宽卵形至卵状长圆形，边缘有锐锯齿。花形、花色都极其丰富，花瓣重瓣至半重瓣，有些有香味，有些没有。

分布与习性

原产于我国，现已广泛栽培。喜光照；喜温暖湿润气候，耐寒；喜疏松肥沃的微酸性沙质土壤。

观赏特性

著名的四大切花之一，为优良的观花植物，可种植于公园、庭园、道路旁等绿地，也可盆栽观赏，同时也是切花的好材料。

木香花

Rosa banksiae Ait

科　　属：蔷薇科蔷薇属
花 果 期：花期 4~5 月
繁殖方式：扦插繁殖、播种繁殖、分株繁殖

形态特征

攀缘小灌木。枝条有皮刺。小叶 3~5，稀 7，小叶片椭圆状卵形或长圆披针形，边缘有紧贴细锯齿。花小形，多朵成伞形花序，花瓣重瓣至半重瓣，白色。

分布与习性

我国分布于四川、云南，现各地多有栽培。喜光照，耐半阴；喜温暖湿润气候，较耐寒；忌水湿；耐瘠薄，喜排水良好的肥沃的土壤。

观赏特性

观花植物，可作为垂直绿化植物，种植于公园、庭园的墙垣、棚架、花架，也可盆栽观赏。

麻叶绣线菊

Spiraea cantoniensis Lour.

科　　属：蔷薇科绣线菊属
花 果 期：花期4~5月，果期7~9月
繁殖方式：扦插繁殖、播种繁殖、分株繁殖

形态特征

灌木。小枝细瘦。叶片菱状披针形至菱状长圆形，边缘自近中部以上有缺刻状锯齿。伞形花序具多数花朵，花瓣近圆形或倒卵形，白色。蓇葖果直立开张。

分布与习性

我国分布于广东、广西、福建、浙江、江西等地，现各地有栽培。喜光照，耐半阴；喜温暖湿润气候，较耐寒；较耐干旱，忌水湿；喜排水良好的肥沃的土壤。

观赏特性

白花似雪，观花植物。可孤植、丛植于公园、庭园的绿地，也可盆栽观赏。

火棘

Pyracantha fortuneana (Maxim.) Li

别　　名：救兵粮
科　　属：蔷薇科火棘属
花 果 期：花期3~5月，果期8~11月
繁殖方式：扦插繁殖、分株繁殖

形态特征

常绿灌木。叶片倒卵形或倒卵状长圆形，边缘有钝锯齿。花集成复伞房花序，花瓣白色，近圆形。果实近球形，橘红色或深红色。

分布与习性

我国分布于陕西、河南、江苏、浙江、福建、湖北、湖南、广西等地。喜光照，耐半阴；喜温暖湿润气候，耐寒；耐干旱；喜疏松肥沃的中性土壤。

观赏特性

果实火红，为优良的观果观花植物。可种植于公园、庭园、道路旁等绿地，也可盆栽观赏。

郁李

Cerasus japonica (Thunb.) Lois.

科　　属：蔷薇科樱属
花 果 期：花期5月，果期7~8月
繁殖方式：扦插繁殖、分株繁殖

形态特征

落叶灌木。叶片卵形或卵状披针形，边有缺刻状尖锐重锯齿。花1~3朵，簇生，花叶同开或先叶开放，花瓣白色或粉红色。核果近球形，深红色。

分布与习性

我国分布于黑龙江、吉林、辽宁、河北、山东、浙江。喜光照；耐寒；耐干旱；对土壤要求不高。

观赏特性

观花观果植物。可丛植于公园、庭园、道路旁等绿地。

皱皮木瓜

Chaenomeles speciosa (Sweet) Nakai.

别　　名：贴梗海棠
科　　属：蔷薇科木瓜属
花 果 期：花期3~5月，果期9~10月
繁殖方式：扦插繁殖、嫁接繁殖

形态特征

落叶灌木，枝条有刺。叶片卵形至椭圆形，稀长椭圆形。花先叶开放，3~5朵簇生于二年生老枝上，花瓣倒卵形或近圆形，猩红色，稀淡红色或白色。果实球形或卵球形。

分布与习性

我国分布于陕西、甘肃、四川、贵州、云南、广东，现广泛栽培。喜光照；喜温暖湿润气候，耐寒；耐干旱，忌涝；对土壤要求不高。

观赏特性

优良的观花植物。可孤植、丛植、片植于公园、庭园、道路旁等绿地。

石斑木

Rhaphiolepis indica (L.) Lindl. ex Ker

别　　名：车轮梅
科　　属：蔷薇科石斑木属
花 果 期：花期4月，果期7~8月
繁殖方式：扦插繁殖、播种繁殖

形态特征

常绿灌木，稀小乔木。叶片集生于枝顶，卵形、长圆形，稀倒卵形或长圆披针形。圆锥花序或总状花序，顶生，花白色或淡红色。果实球形，紫黑色。

分布与习性

我国分布于南部地区，现广泛栽培。喜光照；喜温暖湿润气候，耐寒，耐热；耐水湿，耐盐碱；对土壤要求不高。

观赏特性

花繁叶茂，为优良的观花植物，同时也是优良的水土保持植物。可孤植、丛植于公园、庭园、道路旁等绿地。

棣棠花

Kerria japonica (L.) DC.

科　　属：蔷薇科棣棠花属
花 果 期：花期 4~6 月，果期 6~8 月
繁殖方式：扦插繁殖、播种繁殖

形态特征

落叶灌木。小枝常拱垂。叶互生，三角状卵形或卵圆形，边缘有尖锐重锯齿。单花，花黄色，常见栽培种为重瓣棣棠［*Kerria japonica* (L.) DC. f. *pleniflora* (Witte) Rehd.］。瘦果倒卵形至半球形，褐色或黑褐色，表面无毛，有皱褶。

分布与习性

我国分布于华北至华南地区。喜光照，耐半阴；喜温暖湿润气候，不耐寒；耐水湿；喜肥沃、疏松的沙壤。

观赏特性

花繁叶茂，花色亮黄，为优良的观花植物。可孤植、丛植于公园、庭园、道路等绿地，也可种植于林缘、假山旁。

白鹃梅

Exochorda racemosa (Lindl.) Rehd.

科　　属：蔷薇科白鹃梅属
花 果 期：花期 3~5 月，果期 6~8 月
繁殖方式：扦插繁殖、播种繁殖

形态特征

落叶灌木。叶片椭圆形，长椭圆形至长圆倒卵形，全缘，稀中部以上有钝锯齿。总状花序，有花 6~10 朵，白色。蒴果，倒圆锥形，无毛。

分布与习性

我国分布于河南、江西、江苏、浙江等地。喜光照，耐半阴；喜温暖湿润气候，稍耐寒；耐干旱；对土壤要求不高。

观赏特性

花色素雅，为优良的观花植物。可孤植、丛植于公园、庭园、道路旁等绿地。

黄花羊蹄甲

Bauhinia tomentosa L.

科　　属：豆科羊蹄甲属

花 果 期：花期 6~8 月，果期秋季。

繁殖方式：播种繁殖。

形态特征

直立灌木或小乔木。叶纸质，羊蹄形，较小。花通常 2 朵，有时 1~3 朵组成侧生的花序，花瓣淡黄色，上面一片基部中间有深黄色或紫色的斑块，开花时各瓣互相覆叠为一钟形的花冠。荚果带形，扁平。

分布与习性

原产于印度。喜光照；喜温暖湿润气候，不耐寒；忌水涝；对土壤要求不高。

观赏特性

叶小巧玲珑，花大而艳丽，可作行道树，也可种植于公园、庭园等绿地。

鹰爪豆

Spartium junceum L.

科　　属：豆科鹰爪豆属
花 果 期：花期 4~7 月
繁殖方式：播种繁殖、扦插繁殖

形态特征

灌木。树冠密集成丛，呈圆球形。单叶，无托叶，叶柄短，叶片狭椭圆形至线状披针形，纸质。总状花序，有花 5~20 朵，花冠金黄色。荚果线形。

分布与习性

原产于欧洲西部及大西洋、地中海沿岸国家，我国各地常见栽培。喜光照；喜温暖湿润气候；不耐寒，不耐热；忌涝，喜疏松且排水良好的土壤。

观赏特性

树形奇特，枝条下垂，花色亮丽，为观花观姿植物。可孤植、丛植于公园、庭园的绿地，也可应用于花坛、花境。

金雀花

Cytisus scoparius (Linn.) Link

别　　名：金雀儿
科　　属：豆科金雀儿属
花 果 期：花期 5~7 月
繁殖方式：播种繁殖

形态特征

落叶灌木。上部常为单叶，下部为掌状三出复叶，小叶倒卵形至椭圆形全缘。总状花序，花冠鲜黄色。荚果扁平，阔线形。

分布与习性

原产于欧洲，现我国广泛栽培。喜光照；喜温暖湿润气候，稍耐寒；耐干旱瘠薄；对土壤要求不高。

观赏特性

花金黄色，外形像鸟雀，因而得名“金雀儿”，为优良的观花植物，可作地被，种植于公园、庭园等绿地，也可种植于花坛、花境。

翅荚决明

Senna alata (L.) Roxb.

科　　属：豆科决明属

花 果 期：花期 11 月至次年 1 月，果期 12 月至次年 2 月

繁殖方式：播种繁殖

形态特征

直立灌木。小叶 6~12 对，薄革质，倒卵状长圆形或长圆形。花序顶生和腋生，花瓣黄色，有明显的紫色脉纹。荚果长带状。

分布与习性

原产于美洲热带地区，现广布于全世界热带地区。喜光照，耐半阴；喜高温多湿气候，不耐寒，耐热；耐干旱；对土壤要求不高。

观赏特性

花形奇特，花期长，为优良的观花植物。可种植于公园、庭园等绿地。

双荚决明

Senna bicapsularis (L.) Roxb.

别　　名：双荚黄槐
科　　属：豆科决明属
花 果 期：花期 10~11 月，果期 11 月至次年 3 月
繁殖方式：播种繁殖

形态特征

直立灌木。有小叶 3~4 对，小叶倒卵形或倒卵状长圆形，膜质。总状花序常集成伞房花序状，花鲜黄色。荚果圆柱状。

分布与习性

原产于美洲热带地区，现广泛栽培。喜光照，耐半阴；喜高温多湿气候，不耐寒，耐热；耐干旱；对土壤要求不高。

观赏特性

花期长，为优良的观花植物。可种植于公园、庭园等绿地。

紫荆

Cercis chinensis Bunge

科　　属：豆科紫荆属
花 果 期：花期3~4月，果期8~10月
繁殖方式：播种繁殖、扦插繁殖

形态特征

落叶灌木。叶纸质，心形。花紫红色或粉红色，2~10朵成束，簇生于老枝和主干上，尤以主干上花束较多，通常先于叶开放。荚果扁狭长形，绿色。

分布与习性

原产于我国。喜光照，耐半阴；喜冷凉气候，耐寒；忌涝；喜排水良好的土壤。

观赏特性

花多密集，先花后叶，满树繁花，极为壮观，叶心形，是优良的观花观叶植物，可孤植、片植或丛植于公园、庭园等绿地。

朱缨花

Calliandra haematocephala Hassk.

科　　属：豆科朱缨花属
别　　名：红绒球
花 果 期：花期 8~9 月，果期 10~11 月
繁殖方式：播种繁殖、扦插繁殖

形态特征

落叶灌木或小乔木。二回羽状复叶，小叶 7~9 对。头状花序腋生，有花 25~40 朵，花冠淡紫红色，雄蕊突露于花冠之外，非常显著，花丝长，深红色。荚果线状倒披针形。

分布与习性

原产于南美，现广泛栽培。喜光照；喜温暖湿润气候，耐热；耐干旱；喜排水良好且肥沃的土壤。

观赏特性

花形奇特，花色红艳，为优良的观花植物。可做孤植、片植或丛植于公园、庭园等绿地。

香水合欢

Calliandra brevipes Benth.

别　　名：细叶合欢
科　　属：豆科朱缨花属
花 果 期：花期春季至秋季，果期秋季至冬季
繁殖方式：扦插繁殖、播种繁殖

形态特征

常绿灌木。叶互生，羽状复叶，小叶线形，阴天或夜间会闭合。花具有香味，腋生，花丝细长，下端雪白，上端紫红色，花形酷似粉扑。

分布与习性

原产于巴西东南部、乌拉圭至阿根廷北部，现广泛栽培。喜光照；喜温暖湿润气候；忌水涝；对土壤要求不高。

观赏特性

花形奇特，花色粉嫩。可孤植、丛植于公园、庭园、道路等绿地。

银叶金合欢

Acacia podalyriifolia A. Cunn. ex G. Don

别　　名：珍珠相思树
科　　属：豆科金合欢属
花 果 期：花期2~6月，果期7~11月
繁殖方式：扦插繁殖、播种繁殖

形态特征

灌木或小乔木，小枝常呈“之”字形弯曲，有小皮孔。二回羽状复叶，被灰白色柔毛。头状花序，花黄色，有香味。荚果膨胀。

分布与习性

我国分布于浙江、台湾、福建、广东、广西等地，现广泛栽培。喜光照；喜温暖湿润气候；耐干旱；喜疏松肥沃的土壤。

观赏特性

花形独特，花香浓郁。可孤植、丛植于公园、庭园等绿地，也可列植于道路旁绿地。

金凤花

Caesalpinia pulcherrima (L.) Sw.

别　　名：洋金凤
科　　属：豆科云实属
花 果 期：花期5~10月，果期10~11月
繁殖方式：扦插繁殖、播种繁殖

形态特征

大灌木或小乔木。二回羽状复叶，小叶长圆形或倒卵形。总状花序近伞房状，花瓣橙红色或黄色，花丝红色，远伸出于花瓣外。荚果狭而薄。

分布与习性

原产于西印度群岛，现热带地区广泛栽培。喜光照；喜温暖湿润气候；耐热，不耐寒；忌涝；对土壤要求不高。

观赏特性

花形奇特，为优良的观花植物。可孤植、列植或丛植于公园、庭园等绿地。

石海椒

Reinwardtia indica Dum.

别　　名：迎春柳
科　　属：亚麻科石海椒属
花 果 期：花期夏季
繁殖方式：播种繁殖、分株繁殖

形态特征

灌木。叶纸质，椭圆形或倒卵状椭圆形，全缘或有圆齿状锯齿。花序顶生或腋生，或单花腋生，花黄色。蒴果球形。

分布与习性

我国分布于湖北、福建、广东、广西、四川、贵州和云南等地。喜光照；喜温暖湿润气候；不耐寒；喜疏松、肥沃且排水良好的土壤。

观赏特性

优良的观花植物。可孤植、丛植于公园、庭园等绿地，还可盆栽观赏。

福橘

Citrus reticulata Blanco ‘Tangerina’

科　　属：芸香科柑橘属
花 果 期：花期5月，果期11月
繁殖方式：扦插繁殖、播种繁殖

形态特征

常绿灌木。叶互生，革质，卵状披针形，全缘或者具细钝齿。花白色，芳香。果扁圆形，橙红色。

分布与习性

原产于我国福建。喜光照；喜温暖湿润气候；不耐寒；耐干旱；喜疏松且排水良好的土壤。

观赏特性

优良的观果植物，果也可食。多为盆栽观赏，也种植于公园、庭园等绿地。

九里香

Murraya paniculata (L.) Jack

别　　名：千里香
科　　属：芸香科九里香属
花 果 期：花期 4~8 月，也有秋后开花；果期 9~12 月
繁殖方式：扦插繁殖、播种繁殖

形态特征

常绿灌木或小乔木。奇数羽状复叶，互生，小叶倒卵形成倒卵状椭圆形。花序通常顶生或腋生，花白色，芳香。果橙黄至朱红色，阔卵形或椭圆形。

分布与习性

原产于亚洲热带地区，现广泛栽培。喜光照；喜温暖湿润气候；不耐寒；耐干旱；喜疏松且排水良好的土壤。

观赏特性

优良的观叶植物。可作为绿篱，也可丛植于公园、庭园等绿地。

米仔兰

Aglaia odorata Lour.

别　　名：米兰
科　　属：楝科米仔兰属
花 果 期：花期 5~12 月，果期 7 月至次年 3 月
繁殖方式：扦插繁殖、播种繁殖

形态特征

灌木或小乔木。小叶 3~5 片，对生，厚纸质。圆锥花序腋生，花芳香，花黄色。果为浆果，卵形或近球形。

分布与习性

现广泛栽培。喜光照，耐半阴；喜温暖湿润气候；不耐寒；耐干旱；喜疏松且排水良好的土壤。

观赏特性

优良的观叶观花植物。可孤植、丛植于公园、庭园等绿地，也可盆栽观赏。

狭叶异翅藤

Heteropterys glabra Hook. & Arn.

科　　属：金虎尾科异翅藤属
花 果 期：花果期全年，盛花果期 8~11 月
繁殖方式：扦插繁殖、播种繁殖

形态特征

常绿缠绕蔓性灌木。茎纤细。叶对生、近对生或轮生，纸质，披针形或长椭圆状披针形，全缘。顶生伞形花序或假总状花序，花两性，辐射对称，花小，花瓣鲜黄色。果为翅果，具有翅，果熟时紫红色至鲜红色。

分布与习性

原产于中美洲和南美洲，现我国广东、福建等地有栽培。喜光照，耐半阴；稍耐热。

观赏特性

花色鲜亮，果形奇特，为优良的观花观果植物。可作为垂直绿化种植于公园、庭园的墙垣、廊架、栅栏等，还可作为屋顶绿化。

枸骨

Ilex cornuta Lindl. et Paxt.

科　　属：冬青科冬青属
花 果 期：花期 4~5 月，果期 10~12 月
繁殖方式：扦插繁殖、播种繁殖

形态特征

常绿灌木或小乔木。叶片厚革质，二型，四角状长圆形或卵形，先端具 3 枚尖硬刺齿，中央刺齿常反曲，叶面深绿色，具光泽。花序簇生于二年生枝的叶腋内，花淡黄色。果球形，成熟时鲜红色。

分布与习性

现广泛栽培。喜光照，耐半阴；喜温暖湿润气候；耐寒；耐干旱；喜疏松且排水良好的土壤。

观赏特性

优良的观叶植物。可孤植、丛植于公园、庭园等绿地。

野扇花

Sarcococca ruscifolia Stapf.

科　　属：黄杨科野扇花属
花 果 期：花果期 10 月至次年 2 月
繁殖方式：扦插繁殖、播种繁殖

形态特征

灌木。叶阔椭圆状卵形、卵形、椭圆状披针形、披针形或狭披针形。花序短总状，花白色，芳香。果实球形，熟时猩红色至暗红色。

分布与习性

我国分布于云南、四川、贵州、广西、湖南、湖北、陕西、甘肃等地，现广泛栽培。耐阴；喜温暖湿润气候；喜疏松且排水良好的土壤。

观赏特性

优良的观花观叶观果植物。可作林下植被，片植、丛植于公园、庭园等绿地。

一品红

Euphorbia pulcherrima Willd. et Kl.

别　　名：猩猩木
科　　属：大戟科大戟属
花 果 期：花果期 10 月至次年 4 月
繁殖方式：扦插繁殖、播种繁殖

形态特征

灌木。叶互生，卵状椭圆形、长椭圆形或披针形，边缘全缘或浅裂或波状浅裂，苞叶 5~7 枚，狭椭圆形通常全缘，极少边缘浅波状分裂，朱红色。花序数个聚伞排列于枝顶。蒴果，三棱状圆形。

分布与习性

原产于中美洲，现广泛栽培。喜光照；喜温暖湿润气候；喜疏松且排水良好的沙质土壤。

观赏特性

优良的观叶植物。开花期间适逢圣诞节，故又称“圣诞红”。可片植、丛植于公园、庭园等绿地，也可盆栽观赏。

虎刺梅

Euphorbia milii var. *splendens* (Bojer ex Hook.) Ursch & Leandri

科　　属：大戟科大戟属
花 果 期：花果期全年
繁殖方式：扦插繁殖

形态特征

蔓生灌木。叶互生，倒卵形或长圆状匙形，全缘。聚伞花序，总苞有红、白、黄等多色。蒴果三棱状卵形。

分布与习性

原产于非洲热带，现广泛栽培。喜光照，稍耐阴；喜温暖湿润气候；不耐寒；耐旱；对土壤要求不高。

观赏特性

优良的观花植物。可片植、列植、丛植于公园、庭园等绿地，也可盆栽观赏。

红尾铁苋

Acalypha chamaedrifolia (Lam.) Müll. Arg.

别　　名：猫尾红
科　　属：大戟科铁苋菜属
花 果 期：花期春季至秋季
繁殖方式：扦插繁殖

形态特征

常绿蔓性小灌木。叶卵圆形，亮绿色，背面稍浅。花鲜红色，着生于尾巴状的长穗状花序上。

分布与习性

原产于新几内亚岛，现广泛栽培。喜光照；喜温暖湿润气候；不耐寒；耐旱，忌涝；对土壤要求不高。

观赏特性

优良的观花植物。可片植、丛植于公园、庭园等绿地，也可盆栽观赏。

佛肚树

Jatropha podagrica Hook.

科　　属：大戟科麻疯树属
花 果 期：花期几乎全年
繁殖方式：扦插繁殖、播种繁殖

形态特征

直立灌木。茎基部或下部通常膨大呈瓶状。叶盾状着生，轮廓近圆形至阔椭圆形，上面亮绿色，下面灰绿色。花序顶生，花瓣倒卵状长圆形，红色。蒴果椭圆状。

分布与习性

原产于中美洲或南美洲热带地区，现广泛栽培。喜光照；喜高温高湿气候；不耐寒；耐旱；喜疏松肥沃的沙质土壤。

观赏特性

优良的观叶观花植物。可孤植、丛植于公园、庭园等绿地，也可盆栽观赏。

雪花木

Breynia nivosa Small.

科　　属：大戟科黑面神属
花 果 期：花期夏、秋季
繁殖方式：扦插繁殖

形态特征

常绿小灌木。叶互生，圆形或阔卵形，白色或有白色斑纹。花小，不明显，花有红色、橙色、黄白色等。

分布与习性

原产于波利维亚，能适应我国南方各省栽培。喜光照；喜高温高湿气候；不耐寒；喜疏松、排水良好、肥沃的土壤。

观赏特性

叶色奇特，为优良的观叶植物。可作绿篱，也可孤植、丛植于公园、庭园等绿地。

红背桂

Excoecaria cochinchinensis Lour.

科　　属：大戟科海漆属
花 果 期：花果期全年
繁殖方式：扦插繁殖

形态特征

常绿灌木。单叶对生，矩圆形或倒卵状矩圆形，叶面绿色，叶背红色。花单性异株，花小，穗状花序腋生，小花淡黄色。蒴果球形。

分布与习性

我国分布于广东、广西、云南等南部地区。喜光照，耐半阴，忌暴晒；喜高温高湿气候；不耐寒；喜疏松、排水良好、肥沃的土壤。

观赏特性

叶色奇特，为优良的观叶植物。可作绿篱，也可孤植、群植于公园、庭园等绿地。

紫花扁担杆

Grewia occidentalis L.

别　　名：水莲木

科　　属：椴树科扁担杆属

花 果 期：花期为9月至次年1月，冬季为盛花期；果次年成熟

繁殖方式：扦插繁殖、播种繁殖

形态特征

常绿蔓性灌木。叶互生，倒卵形或椭圆形，厚纸质，边缘细锯齿。花紫红色，顶生或腋生，花形酷似睡莲。

分布与习性

原产于南非。喜光照，稍耐阴；喜高温多湿气候；稍耐干旱；忌涝；喜疏松、排水良好、肥沃的土壤。

观赏特性

花形奇特，为优良的观花植物。可种植于公园、庭园等墙垣边。

朱槿

Hibiscus rosa-sinensis Linn.

别　　名：扶桑
科　　属：锦葵科木槿属
花 果 期：花期全年
繁殖方式：扦插繁殖

形态特征

常绿灌木。叶阔卵形或狭卵形，边缘具粗齿或缺刻。花单生于上部叶腋间，常下垂，玫瑰红色或淡红色、淡黄色等，单瓣或重瓣。蒴果卵形。

分布与习性

原产于我国南部，现广泛栽培。喜光照；喜温暖湿润气候；不耐寒；耐干旱；喜疏松肥沃的土壤。

观赏特性

朱槿品种繁多，为优良的观花植物。可丛植或片植于公园、庭园等绿地，可作绿篱。

花叶扶桑

Hibiscus rosa-sinensis var. *variegata*

科　　属：锦葵科木槿属

繁殖方式：扦插繁殖

形态特征

常绿大灌木。叶互生，阔卵形至狭卵形，叶缘有粗锯齿或缺刻，形似桑叶，叶有黄、白、红等颜色的斑纹。

分布与习性

原产于我国，现广泛栽培。喜光照；喜温暖湿润气候；不耐寒；耐干旱，忌涝；喜疏松肥沃的土壤。

观赏特性

优良的观叶植物。可丛植或片植于公园、庭园等绿地，也可作绿篱。

木芙蓉

Hibiscus mutabilis Linn.

别　　名：芙蓉花
科　　属：锦葵科木槿属
花 果 期：花期 8~11 月，果期 12 月
繁殖方式：扦插繁殖

形态特征

落叶灌木或小乔木。叶宽卵形至圆卵形或心形，裂片三角形，先端渐尖，具钝圆锯齿。花单生于枝端叶腋间，花初开时白色或淡红色，后变深红色。蒴果扁球形。

分布与习性

原产于我国长江以南，现广泛栽培。喜光照，稍耐阴；喜温暖湿润气候；不耐寒；忌涝；喜疏松肥沃的土壤。

观赏特性

花大而艳丽，为优良的观花观叶植物。可丛植或片植于公园、庭园等绿地。

木槿

Hibiscus syriacus Linn.

科　　属：锦葵科木槿属
花 果 期：花期 6~9 月，果期 9~11 月
繁殖方式：扦插繁殖

形态特征

落叶灌木。叶菱形至三角状卵形，具深浅不同的 3 裂或不裂，边缘具不整齐齿缺。花单生于枝端叶腋间，花钟形，淡紫色。蒴果卵圆形。

分布与习性

原产于我国中部地区，现广泛栽培。喜光照，稍耐阴；喜温暖湿润气候；耐寒，耐热；耐干旱；对土壤要求不高。

观赏特性

优良的观花植物。可孤植、丛植或片植于公园、庭园等绿地，也可作为绿篱，还可盆栽观赏。

玫瑰茄

Hibiscus sabdariffa Linn.

科　　属：锦葵科木槿属
花 果 期：花期 10 月，果期 11~12 月
繁殖方式：播种繁殖

形态特征

一年生直立草本。叶互生，异型，下部的叶卵形，不分裂，上部的叶掌状 3 深裂，裂片披针形。花单生于叶腋，花黄色，花萼肉质，杯状，紫红色。蒴果卵球形。

分布与习性

原产于东半球热带地区，现热带地区广泛栽培。喜光照，稍耐阴；喜温暖湿润气候；不耐寒，耐热；耐干旱；对土壤要求不高。

观赏特性

优良的观花植物。可丛植或片植于公园、庭园等绿地，也可作为绿篱，还可盆栽观赏。

垂花悬铃花

Malvaviscus penduliflorus DC.

科　　属：锦葵科悬铃花属
花 果 期：花期全年
繁殖方式：扦插繁殖

形态特征

常绿小灌木。叶卵状披针形。花单生于叶腋，花红色，下垂，筒状，仅于上部略开展。果未见。

分布与习性

原产于墨西哥和哥伦比亚，现广泛栽培。喜光照，稍耐阴；喜温暖湿润气候；喜疏松肥沃的土壤。

观赏特性

花形奇特，为优良的观花植物。可丛植或片植于公园、庭园等绿地，也可盆栽观赏。

地桃花

Urena lobata Linn.

别　　名：肖梵天花
科　　属：锦葵科梵天花属
花 果 期：花果期 7~10 月
繁殖方式：扦插繁殖

形态特征

直立亚灌木。茎下部的叶近圆形，先端浅 3 裂，基部圆形或近心形，边缘具锯齿，中部的叶卵形，上部的叶长圆形至披针形。花腋生，单生或稍丛生，淡红色。果扁球形。

分布与习性

我国分布于长江以南，现越南、柬埔寨、老挝、泰国、缅甸、印度和日本等国也有分布。喜光照，耐半阴；喜温暖湿润气候；对土壤要求不高。

观赏特性

花、叶形态奇特，为观花观叶植物。可孤植、丛植或片植于公园、庭园等绿地，以增添野趣，也可盆栽观赏。

梵天花

Urena procumbens Linn.

科　　属：锦葵科梵天花属
花 果 期：花期 6~9 月
繁殖方式：扦插繁殖

形态特征

小灌木。叶掌状 3~5 深裂，叶缘具锯齿，叶片上有斑纹。花单生或近簇生，花淡红色。果球形。

分布与习性

我国分布于广东、台湾、福建、广西、江西、浙江等地。喜光照，耐半阴；喜温暖湿润气候；对土壤要求不高。

观赏特性

花、叶形态奇特，为观花观叶植物。可孤植、丛植或片植于公园、庭园等绿地，以增添野趣，也可盆栽观赏。

红萼苘麻

Abutilon megapotamicum St. Hil. et Naudin

别　　名：蔓性风铃花
科　　属：锦葵科苘麻属
花 果 期：花果期几乎全年
繁殖方式：播种繁殖、扦插繁殖

形态特征

常绿蔓性灌木。枝条纤幼细长。叶互生，心形，叶缘有钝锯齿，有时分裂。花生于叶腋，花下垂，花萼红色，花蕊深棕色，伸出花瓣。

分布与习性

原产于巴西、阿根廷、乌拉圭，我国有栽培。喜光照，耐半阴；喜温暖湿润气候；不耐寒；不耐干旱；喜疏松且排水良好的土壤。

观赏特性

花如风铃，又似红心吐金，花期长，为优良的观花植物。可作为垂直绿化，可种植于棚架、墙垣等绿地，也可盆栽观赏。

非洲芙蓉

Dombeya acutangula Cav.

别　　名：吊芙蓉
科　　属：梧桐科非洲芙蓉属
花 果 期：花期由 12 月至次年 3 月
繁殖方式：扦插繁殖

形态特征

常绿灌木或小乔木。树冠圆形，枝叶密集。单叶互生，心形，叶缘钝锯齿。花从叶腋间伸出，悬吊着 1 个花苞，伞形花序，1 个花球可包含 20 多朵粉红色的小花，全开时聚生且悬吊而下。

分布与习性

原产于马达加斯加及东非，现热带地区有栽培。喜光照；喜温暖湿润气候；喜排水良好的肥沃土壤。

观赏特性

花大而美丽，形成下垂的花球。可孤植、丛植于公园、庭园等绿地。

昂天莲

Ambroma augusta (L.) L. f.

别　　名：水麻
科　　属：梧桐科昂天莲属
花 果 期：花期春、夏季
繁殖方式：播种繁殖、扦插繁殖

形态特征

常绿灌木。叶心形或卵状心形，有时为3~5浅裂。聚伞花序有花1~5朵，花红紫色。蒴果膜质，倒圆锥形，具5纵翅。

分布与习性

我国分布于广东、广西、云南、贵州等地，现热带地区有栽培。喜光照；喜温暖湿润气候；喜腐殖质丰富的湿润土壤。

观赏特性

花、果形态奇特，为观花观果植物。可孤植、丛植于公园、庭园等绿地，也可配置于花境、花坛。

金花茶

Camellia petelotii (Merr.) Sealy

科　　属：山茶科山茶属
花 果 期：花期 1~2 月，果期 10~11 月
繁殖方式：扦插繁殖、播种繁殖

形态特征

常绿灌木或小乔木。叶革质，长圆形或披针形，或倒披针形，上面深绿色，有光泽，下面浅绿色。花黄色，腋生，花瓣重叠，金瓣玉蕊，美艳动人。蒴果扁三角球形。

分布与习性

原产于我国广西南部，现广泛栽培。喜光照；喜温暖湿润气候；耐瘠薄，耐涝；喜排水良好的酸性土壤。

观赏特性

花色明亮，为优良的观花植物。可孤植、丛植或列植于公园、庭园等绿地。

了哥王

Wikstroemia indica (Linn.) C. A. Mey

科　　属：瑞香科荛花属
花 果 期：花果期夏、秋季
繁殖方式：播种繁殖、扦插繁殖

形态特征

灌木。叶对生，纸质至近革质，倒卵形、椭圆状长圆形或披针形。花序顶生，花黄绿色。果椭圆形，成熟时红色至暗紫色。

分布与习性

我国分布于广东、海南、广西、福建、台湾、湖南、四川等地。喜光照，稍耐阴；喜温暖湿润气候；耐盐碱；对土壤要求不高。

观赏特性

观叶观果植物。可孤植、片植于公园、庭园、道路等绿地。

石榴

Punica granatum L.

别　　名：花石榴、安石榴
科　　属：石榴科石榴属
花 果 期：花期 6~7 月，果期 9~10 月
繁殖方式：播种繁殖、扦插繁殖

形态特征

落叶灌木或乔木。叶通常对生，纸质，矩圆状披针形。花大，1~5 朵生枝顶，花红色、黄色或白色。浆果近球形，通常为淡黄褐色或淡黄绿色，有时白色。

分布与习性

原产于伊朗和地中海沿岸国家，现广泛栽培。喜光照；喜温暖湿润气候；不耐寒；耐干旱，忌涝；对土壤要求不高。

观赏特性

观花植物。可孤植、丛植于公园、庭园等绿地，也可盆栽观赏。

虾子花

Woodfordia fruticosa (L.) Kurz.

科　　属：千屈菜科虾子花属
花 果 期：花期春季，果期秋季
繁殖方式：播种繁殖、扦插繁殖

形态特征

灌木。叶对生，近革质，披针形或卵状披针形。短聚伞状圆锥花序，萼筒花瓶状，鲜红色，花瓣小而薄，淡黄色，线状披针形。蒴果膜质，线状长椭圆形。

分布与习性

我国分布于广东、广西及云南等地。喜光照；喜温暖湿润气候；耐干旱；对土壤要求不高。

观赏特性

花形奇特，花色艳丽，为观花植物。也可孤植、丛植于公园、庭园等绿地。

细叶萼距花
Cuphea hyssopifolia Kunth.

科　　属：千屈菜科萼距花属
花 果 期：花期全年
繁殖方式：扦插繁殖

形态特征

常绿小灌木。分枝特别多而细密。小叶对生，线状披针形，翠绿。花小而多，花紫色、淡紫色、白色，盛花时布满花坛，状似繁星，故又名“满天星”。

分布与习性

原产于中美洲，现广泛栽培。喜光照，耐半阴；喜高温高湿气候；耐干旱；对土壤要求不高。

观赏特性

观花植物。可作绿篱，也可片植于公园、庭园等绿地。

松红梅

Leptospermum scoparium J. R. Forst. & G. Forst.

别　　名：澳洲茶
科　　属：桃金娘科鱼柳梅属
花 果 期：花期 2~9 月
繁殖方式：扦插繁殖、播种繁殖

形态特征

常绿小灌木。叶互生，叶片线状或线状披针形。花有单瓣、重瓣之分，花色有红、粉红、桃红、白等多种颜色。蒴果革质。

分布与习性

原产于新西兰、澳大利亚等，现广泛栽培。喜光照；喜温暖湿润气候；稍耐寒；耐干旱；喜疏松、肥沃、排水良好的微酸性土壤。

观赏特性

因其叶似松叶、花似红梅而得名，为优良的观花植物。可孤植、列植或丛植于公园、庭园等绿地。

红果仔

Eugenia uniflora Linn.

科　　属：桃金娘科番樱桃属
花 果 期：花期春季
繁殖方式：播种繁殖、扦插繁殖

形态特征

灌木或小乔木。全株无毛。叶片纸质，卵形至卵状披针形，上面绿色发亮，下面颜色较浅。花白色，稍芳香，单生或数朵聚生于叶腋。浆果球形，有8棱，熟时深红色。

分布与习性

原产于巴西，我国南部有栽培。喜光照；喜温暖湿润气候；不耐寒；不耐干旱；喜排水良好的土壤。

观赏特性

果实红艳，为观叶观果植物。可丛植、孤植于公园、庭园等绿地。

嘉宝果

Plinia cauliflora (Mart.) Kausel.

别　　名：树葡萄
科　　属：桃金娘科树番樱属
花 果 期：每年可多次开花结果
繁殖方式：播种繁殖、扦插繁殖

形态特征

常绿灌木。树皮浅灰褐色，呈薄片状脱落，脱落后留下亮色斑纹。叶对生，叶片革质，深绿色有光泽，披针形或椭圆形。其花簇生于主干和主枝上，有时也长在新枝上，花小，白色，有香气。浆果，熟时紫黑色。

分布与习性

原产于我国台湾。喜光照；喜温暖湿润气候；耐热；喜排水良好的偏酸性土壤。

观赏特性

树姿优美，全年枝叶浓绿茂盛，一年四季都可开花、结果，果实形状似葡萄，故又称“树葡萄”。可孤植、丛植、列植于公园、庭园等绿地。

使君子

Quisqualis indica L.

科　　属：使君子科使君子属
花 果 期：花期初夏，果期秋末
繁殖方式：播种繁殖、扦插繁殖

形态特征

常绿攀缘状灌木。叶对生或近对生，叶片膜质，卵形或椭圆形。顶生穗状花序，组成伞房花序式，花初为白色，后转淡红色。果卵形。

分布与习性

我国分布于四川、贵州至南岭以南各处。喜光照，耐半阴；喜温暖湿润气候；耐热；耐旱；以肥沃、排水良好的土壤种植为佳。

观赏特性

花繁叶茂，花形奇特。可作垂直绿化，可种植于棚架、墙垣等，也可作为绿篱。

头花风车子

Combretum constrictum M. A. Lawson

科　　属：使君子科风车子属
花 果 期：花期3~4月，果期7月
繁殖方式：播种繁殖、扦插繁殖

形态特征

灌木或小乔木。叶片薄革质，椭圆形、卵形或狭卵形，稀披针形。圆锥花序顶生，花橙红色。果近球形，稀倒卵形。

分布与习性

原产于非洲。喜光照，耐半阴；喜温暖湿润气候；耐热；喜疏松、排水良好的土壤。

观赏特性

花形奇特，花色靓丽。可孤植、丛植于公园、庭园、道路旁等绿地。

巴西野牡丹

Tibouchina semidecandra Cogn.

科　　属：野牡丹科蒂牡花属
花 果 期：花期春季
繁殖方式：扦插繁殖

形态特征

常绿小灌木。叶对生，椭圆形至披针形，两面具细茸毛。花顶生，花大，深紫蓝色，中心白色。蒴果坛状球形。

分布与习性

原产于巴西，现广泛栽培。喜光照，耐半阴；喜高温多湿气候；耐旱；喜疏松、排水良好的土壤。

观赏特性

花色艳丽，花期长。可片植、丛植于公园、庭园、道路旁等绿地。

地菍

Melastoma dodecandrum Lour.

科　　属：野牡丹科野牡丹属
花 果 期：花期 5~7 月，果期 7~9 月
繁殖方式：扦插繁殖、播种繁殖

形态特征

小灌木。叶片坚纸质，卵形或椭圆形，全缘或具密浅细锯齿，3~5 基出脉。聚伞花序，顶生，有花（1~）3 朵，花瓣淡紫红色至紫红色。果坛状或球状。

分布与习性

原产于我国。喜光照，耐半阴；喜温暖湿润气候；耐旱；喜疏松、排水良好的土壤。

观赏特性

匍匐生长。可片植于公园、庭园、道路、山坡等绿地。

倒挂金钟

Fuchsia hybrida Hort. ex Sieb. et Voss.

别　　名：灯笼花
科　　属：柳叶菜科倒挂金钟属
花 果 期：花期 4~12 月
繁殖方式：扦插繁殖、高压繁殖

形态特征

半灌木。叶对生，卵形或狭卵形，边缘具浅齿或齿突。花两性，单一，稀成对生于茎枝顶叶腋，下垂，花筒圆锥形，紫红色、红色、粉红色、白色。果紫红色，倒卵状长圆形。

分布与习性

原产于墨西哥、秘鲁、智利，现广泛栽培。喜光照，耐半阴，忌强光；喜凉爽湿润气候；喜疏松、排水良好的土壤。

观赏特性

花形奇特。可盆栽观赏，也可种植于公园、庭园作为花境、花坛。

八角金盘

Fatsia japonica (Thunb.) Decne. et Planch.

科　　属：五加科八角金盘属
花 果 期：花期 10~11 月，果熟期次年 4 月
繁殖方式：播种繁殖、分株繁殖、扦插繁殖

形态特征

常绿灌木。叶大，掌状，5~7 深裂，裂片长椭圆状卵形，边缘有粗锯齿。圆锥花序顶生，花白色。浆果球形。

分布与习性

原产于日本，现广泛栽培。喜光照，耐半阴；喜温暖湿润气候；不耐干旱；喜疏松、排水良好的微酸性土壤。

观赏特性

优良的观叶植物。可片植、丛植、孤植于公园、庭园等绿地。

鹅掌藤

Schefflera arboricola Hay.

别　　名：七加皮

科　　属：五加科南鹅掌柴属

花 果 期：花期 7 月，果期 8~10 月

繁殖方式：播种繁殖、分株繁殖、扦插繁殖

形态特征

藤状灌木。叶有小叶 7~9，稀 5~6 或 10，叶片革质，倒卵状长圆形或长圆形，边缘全缘。圆锥花序顶生，有花 3~10 朵，花白色。果实卵形。

分布与习性

各地广泛栽培。喜光照，耐半阴；喜温暖湿润气候；不耐干旱；喜疏松、排水良好的微酸性土壤。

观赏特性

优良的观叶植物，也有花叶品种。可片植、丛植、孤植于公园、庭园等绿地。

西洋杜鹃

Rhododendron hybridum Ker Gawl.

别　　名：比利时杜鹃
科　　属：杜鹃花科杜鹃花属
花 果 期：花期全年
繁殖方式：扦插繁殖

形态特征

常绿灌木。叶互生，长椭圆形，全缘。花冠阔漏斗状，花有半重瓣和重瓣，花色有红色、粉色、白色、玫瑰红色和双色等。

分布与习性

杂交种，各地广泛栽培。耐半阴；喜温暖湿润气候；不耐干旱；喜疏松、肥沃、排水良好的土壤。

观赏特性

优良的观花植物。可作绿篱，也可片植、丛植、孤植于公园、庭园等绿地，还可盆栽观赏。

锦绣杜鹃

Rhododendron pulchrum Sweet

别　　名：毛杜鹃
科　　属：杜鹃花科杜鹃属
花 果 期：花期 4~5 月，果期 9~10 月
繁殖方式：扦插繁殖

形态特征

半常绿灌木。叶薄革质，椭圆状长圆形至长圆状倒披针形，全缘。伞形花序顶生，有花 1~5 朵，花玫瑰紫色，阔漏斗形。蒴果长圆状卵球形。

分布与习性

我国分布于江苏、浙江、江西等地，现各地广泛栽培。喜光照，耐半阴，忌暴晒；喜凉爽湿润气候；不耐寒；喜疏松、肥沃、排水良好的土壤。

观赏特性

优良的观花植物。可作绿篱，也可片植、丛植、孤植于公园、庭园等绿地，还可盆栽观赏。

硃砂根

Ardisia crenata Sims.

科　　属：紫金牛科紫金牛属
花 果 期：花期5~6月；果期10~12月，有时2~4月。
繁殖方式：扦插繁殖、播种繁殖

形态特征

灌木。叶片革质或坚纸质，椭圆形、椭圆状披针形至倒披针形，边缘具皱波状或波状齿。伞形花序或聚伞花序，花白色，稀略带粉红色，盛开时反卷。果球形，鲜红色。

分布与习性

我国分布于西藏东南部至台湾，湖北至海南等地，现各地广泛栽培。耐阴，忌暴晒；喜凉爽湿润气候；不耐瘠薄；喜疏松、肥沃、排水良好的土壤。

观赏特性

叶色亮绿，果实红艳，为优良的观叶观果植物。可片植、丛植、孤植于公园、庭园等绿地，还可盆栽观赏。

虎舌红

Ardisia mamillata Hance.

科　　属：紫金牛科紫金牛属
花 果 期：花期6~7月；果期11月至次年1月，有时可至6月
繁殖方式：扦插繁殖、播种繁殖

形态特征

矮小灌木。具匍匐的木质根茎。叶互生或簇生于茎顶端，叶片坚纸质，倒卵形至长圆状倒披针形，边缘具疏圆齿，两面绿色或暗紫红色。伞形花序，花瓣粉红色，稀近白色。果球形，鲜红色。

分布与习性

我国分布于四川、贵州、云南、湖南、广西、广东、福建。耐阴；喜凉爽湿润气候；不耐瘠薄；喜疏松、肥沃、排水良好的土壤。

观赏特性

果实红艳，为优良的观叶观果植物。可片植、丛植、孤植于公园、庭园等绿地，还可盆栽观赏。

白花丹

Plumbago zeylanica Linn.

科　　属：白花丹科白花丹属
花 果 期：花期 10 月至次年 3 月，果期 12 月至次年 4 月
繁殖方式：扦插繁殖。

形态特征

常绿半灌木。叶薄，通常长卵形。穗状花序，花白色或微带蓝白色，高脚碟状。蒴果长椭圆形。

分布与习性

原产于热带地区，现广泛栽培。喜光照，耐半阴；喜温暖湿润气候；喜疏松、肥沃、排水良好的土壤。

观赏特性

花色淡雅，为优良的观花植物。可盆栽观赏，也可片植、丛植于公园、庭园等绿地，还可应用于花境、花坛。

蓝雪花

Ceratostigma plumbaginoides Bunge.

别　　名：蓝花丹
科　　属：白花丹科蓝雪花属
花 果 期：花期7~9月，果期8~10月
繁殖方式：扦插繁殖

形态特征

常绿小灌木。叶互生，宽卵形或倒卵形，全缘。花序生于枝端或叶腋处，花蓝色，高脚碟状。蒴果椭圆状卵形，淡黄褐色。

分布与习性

原产于南非，现广泛栽培。喜光照，耐半阴；喜温暖湿润气候；喜疏松、肥沃、排水良好的土壤。

观赏特性

花色艳丽，为优良的观花植物。可盆栽观赏，也可片植、丛植于公园、庭园等绿地，还可应用于花境、花坛。

茉莉花

Jasminum sambac (L.) Ait.

科　　属：木樨科素馨属
花 果 期：花期 5~8 月，果期 7~9 月
繁殖方式：扦插繁殖

形态特征

直立或攀缘灌木。叶对生，单叶，叶片纸质，圆形、椭圆形、卵状椭圆形或倒卵形。聚伞花序顶生，花芳香，花白色。浆果球形。

分布与习性

原产于印度及我国南方地区，现广泛栽培。喜光照；喜温暖湿润的气候；不耐寒；忌涝；喜疏松、肥沃、排水良好的土壤。

观赏特性

观花植物。可作绿篱、花境、花坛，也可丛植、片植于公园、庭园等绿地，还可盆栽观赏。

野迎春

Jasminum mesnyi Hance.

别　　名：云南黄素馨
科　　属：木樨科素馨属
花 果 期：花期 11 月至次年 8 月，果期 3~5 月
繁殖方式：扦插繁殖、分株繁殖、压条繁殖

形态特征

常绿蔓性灌木。枝条下垂，小枝四棱形，具沟。叶对生，三出复叶或小枝基部具单叶，叶片近革质，长卵形或长卵状披针形，花黄色，漏斗状，栽培时出现重瓣。果椭圆形。

分布与习性

原产于我国四川、贵州、云南等地，现南方多有栽培。喜光照；喜温暖湿润的气候；不耐寒；喜疏松、肥沃、排水良好的土壤。

观赏特性

花色明亮，花量大，为优良的观花植物。可作垂直绿化，种植于公园、庭园等廊架、围栏、墙垣，还可盆栽观赏。

金钟花

Forsythia viridissima Lindl.

别　　名：迎春柳
科　　属：木樨科连翘属
花 果 期：花期3~4月，果期8~11月
繁殖方式：扦插繁殖、压条繁殖

形态特征

落叶灌木。叶片长椭圆形至披针形，或倒卵状长椭圆形，花深黄色。果卵形或宽卵形。

分布与习性

我国分布于江苏、安徽、浙江、江西、福建、湖北、湖南、云南等地，现长江流域一带广泛栽培。喜光照，耐半阴；喜温暖湿润的气候；耐寒；喜疏松、肥沃、排水良好的土壤。

观赏特性

花色明亮，为优良的观花植物。可作丛植、孤植或片植于公园、庭园等绿地、墙垣边。

金森女贞

Ligustrum japonicum 'Howardii'

科　　属：木樨科女贞属
花 果 期：花期5~7月，果期11月
繁殖方式：扦插繁殖

形态特征

常绿灌木。叶片厚革质，椭圆形或宽卵状椭圆形，稀卵形，叶缘平或微反卷，春季新叶鲜黄色，至冬季转为金黄色。圆锥花序塔形，花白色。果长椭圆形。

分布与习性

原产于日本，现各地广泛栽培。喜光照，耐半阴；喜温暖湿润的气候；耐寒；耐旱，耐瘠薄；喜疏松、肥沃、排水良好的土壤。

观赏特性

优良的观叶植物。可作绿篱，也可丛植、片植于公园、庭园等绿地。

流苏树

Chionanthus retusus Lindl. et Paxt.

别　　名：糯米花
科　　属：木樨科流苏树属
花 果 期：花期3~6月，果期6~11月
繁殖方式：扦插繁殖、播种繁殖

形态特征

落叶灌木或乔木。叶片革质或薄革质，长圆形、椭圆形或圆形，有时卵形或倒卵形至倒卵状披针形。聚伞状圆锥花序，花冠白色，4深裂，裂片线状倒披针形。果椭圆形。

分布与习性

我国分布于甘肃、陕西、山西、河北、广东、福建、台湾等地。喜光照，耐半阴；喜温暖湿润气候；耐寒；稍耐干旱，忌涝；喜疏松、排水良好、肥沃的土壤。

观赏特性

春天，一树橙红；夏天，绿叶成荫；秋天，枝叶萧瑟；冬天，秃枝寒树，四季展现不同的风情，为优良的观花观叶植物。可孤植、丛植于公园、庭园等绿地。

灰莉

Fagraea ceilanica Thunb.

别　　名：鲤鱼胆
科　　属：马钱科灰莉属
花 果 期：花期 4~8 月，果期 7 月至次年 3 月
繁殖方式：扦插繁殖、播种繁殖

形态特征

常绿灌木或小乔木。叶片稍肉质，干后变纸质或近革质，椭圆形、卵形、倒卵形或长圆形，有时长圆状披针形。花单生或组成顶生二歧聚伞花序，花冠漏斗状，白色，芳香。浆果卵状或近圆球状。

分布与习性

我国分布于台湾、海南、广东、广西和云南南部，现广泛栽培。喜光照，耐半阴；喜温暖湿润气候，耐寒；耐旱；喜疏松、排水良好、肥沃的土壤。

观赏特性

叶终年常青，为优良的观叶植物。可作孤植、丛植于公园、庭园、道路旁等绿地。

花叶灰莉

Fagraea ceilanica ‘Variegata’

科　　属：马钱科灰莉属
花 果 期：花期 4~8 月，果期 7 月至次年 3 月
繁殖方式：扦插繁殖、播种繁殖

形态特征

常绿灌木或小乔木。叶片稍肉质，干后变纸质或近革质，椭圆形、卵形、倒卵形或长圆形，有时长圆状披针形，叶面有金色斑块。花单生或组成顶生二歧聚伞花序，花冠漏斗状，白色，芳香。浆果卵状或近圆球状。

分布与习性

栽培种，现广泛栽培。喜光照，耐半阴；喜温暖湿润气候，耐寒；耐旱；喜疏松、排水良好、肥沃的土壤。

观赏特性

叶有斑纹，为优良的观叶植物。可作孤植、丛植于公园、庭园、道路旁等绿地。

夹竹桃
Nerium oleander L.

科　　属：夹竹桃科夹竹桃属
花 果 期：花期几乎全年，夏、秋季为最盛；果期一般在冬、春季，栽培很少结果
繁殖方式：扦插繁殖

形态特征

常绿直立大灌木。叶 3~4 枚轮生，窄披针形。聚伞花序顶生，着花数朵，花深红色或粉红色，栽培演变有白色或黄色，有单瓣重瓣。蓇葖果离生，平行或并连，长圆形，两端较窄。

分布与习性

原产于印度、伊朗等，现各地广泛栽培。喜光照；喜温暖湿润气候，耐热；耐干旱；耐盐碱；对土壤要求不高。

观赏特性

花叶均具有观赏价值，为优良的观叶观花植物。可种植于公园、庭园、道路旁等绿地，也可种植于墙垣边，还可盆栽观赏。

花叶蔓长春花

Vinca major L. ‘Variegata’

科　　属：夹竹桃科蔓长春花属
花 果 期：花期 3~5 月
繁殖方式：扦插繁殖

形态特征

蔓性半灌木。茎匍匐。叶椭圆形，叶的边缘白色，有黄白色斑点。花单朵腋生，花冠蓝色，花冠筒漏斗状。蓇葖果。

分布与习性

原产于欧洲等地，现各地多有栽培。喜光照，耐半阴；喜温暖湿润气候；较耐寒；对土壤要求不高。

观赏特性

优良的观叶观花植物。可种植于公园、庭园、道路旁等绿地，也可作为垂直绿化种植于墙垣、围栏，还可盆栽悬挂观赏。

狗牙花

Ervatamia divaricata (L.) Burk. ‘Gouyahua’

科　　属：夹竹桃科狗牙花属
花 果 期：花期 6~11 月，果期秋季
繁殖方式：扦插繁殖

形态特征

灌木。叶坚纸质，椭圆形或椭圆状长圆形，叶面深绿色，背面淡绿色。聚伞花序腋生，通常双生，着花 6~10 朵，花白色，重瓣、单瓣。蓇葖果。

分布与习性

原产于我国，现各地均有栽培。喜半阴；喜温暖湿润气候；对土壤要求不高。

观赏特性

花色洁白，为优良的观叶观花植物。可种植于公园、庭园、道路旁等绿地，也可种植于墙垣边，还可盆栽观赏。

黄蝉

Allemanda neriifolia Hook.

科　　属：夹竹桃科黄蝉属
花 果 期：花期 5~8 月，果期 10~12 月
繁殖方式：扦插繁殖、播种繁殖

形态特征

常绿直立或半直立灌木。具乳汁。叶 3~5 枚轮生，全缘，椭圆形或倒卵状长圆形，叶面深绿色，叶背浅绿色。聚伞花序顶生，花橙黄色，冠漏斗状，内面具红褐色条纹。蒴果球形，具长刺。

分布与习性

原产于巴西，现各地均有栽培。喜光照，耐半阴；喜温暖湿润气候；耐干旱；对土壤要求不高。

观赏特性

花色亮黄，为优良的观花植物。可丛植、列植、片植于公园、庭园、道路旁等绿地。

长春花

Catharanthus roseus (L.) G. Don

别　　名：日日草
科　　属：夹竹桃科长春花属
花 果 期：花期、果期几乎全年
繁殖方式：扦插繁殖、播种繁殖

形态特征

常绿半灌木。叶膜质，倒卵状长圆形。聚伞花序腋生或顶生，有花2~3朵，花红色，高脚碟状。蓇葖双生，直立，平行或略叉开。

分布与习性

原产于非洲东部，现各地均有栽培。喜光照，耐半阴；喜高温高湿气候，耐热，不耐寒；耐干旱，忌涝；对土壤要求不高。

观赏特性

优良的观花植物。可盆栽观赏，可片植于公园、庭园等绿地，还可应用于花境、花坛。

沙漠玫瑰

Adenium obesum Roem. et Schult.

别　　名：天宝花
科　　属：夹竹桃科沙漠玫瑰属
花 果 期：花期 5~12 月
繁殖方式：扦插繁殖、嫁接繁殖、播种繁殖

形态特征

多肉灌木或小乔木。单叶互生，集生枝端，倒卵形至椭圆形，全缘，肉质。顶生伞房花序，花冠漏斗状，形似小喇叭，花色有红、玫红、粉红、白等色。

分布与习性

原产于非洲的肯尼亚、坦桑尼亚，现我国部分地区有栽培。喜光照；喜高温干燥气候，耐热，不耐寒；耐干旱，不耐水湿，忌涝；喜肥沃、疏松且排水良好的沙质土壤。

观赏特性

树形古朴苍劲，根茎肥大如酒瓶状，花形似喇叭状，为优良的观姿观花植物；可盆栽观赏，也可种植于公园、庭园等阳光充足的绿地，在北方寒冷地方多温室栽培观赏。

钉头果

Gomphocarpus fruticosus (L.) R. Br.

别　　名：气球花、气球果
科　　属：萝藦科钉头果属
花 果 期：花期夏季，果期秋季
繁殖方式：播种繁殖、扦插繁殖

形态特征

灌木。具乳汁。叶线形，叶缘反卷。聚伞花序，花蕾圆球状；花冠宽卵圆形或宽椭圆形，反拆，被缘毛；副花冠红色兜状。蓇葖果肿胀，卵圆状，端部渐尖而成喙，外果皮具软刺，像气球，所以又名“气球果”。

分布与习性

原产于地中海沿岸，现各地多有栽培。喜光照；喜高温高湿气候；耐旱，耐瘠薄；对土壤要求不高。

观赏特性

花小巧玲珑，果形奇特，像气球，为优良的观花观果植物。可作为绿篱，也可丛植或片植于公园、庭园等绿地。

基及树

Carmona microphylla (Lam.) G. Don

别　　名：福建茶
科　　属：紫草科基及树属
花 果 期：花期春、夏季
繁殖方式：播种繁殖、扦插繁殖

形态特征

常绿灌木。叶革质，倒卵形或匙形。团伞花序，花钟状，白色，或稍带红色。核果。

分布与习性

我国分布于广东、福建、台湾等地。喜光照，较耐阴；喜温暖湿润气候；耐旱，耐瘠薄；对土壤要求不高。

观赏特性

叶四季常青，花小且洁白，为优良的观叶植物。可作为绿篱，也可片植、列植于公园、庭园等绿地。

马缨丹

Lantana camara L.

别　　名：五色梅
科　　属：马鞭草科马缨丹属
花 果 期：全年开花
繁殖方式：播种繁殖、扦插繁殖

形态特征

常绿直立或蔓性的灌木。单叶对生，揉烂后有强烈的气味，叶片卵形至卵状长圆形，边缘有钝齿，表面有粗糙的皱纹和短柔毛。头状花序，花冠黄色或橙黄色，开花后不久转为深红色。核果圆球形，成熟时紫黑色。

分布与习性

原产于美洲，现各地广泛栽培。喜光照；喜温暖湿润气候；耐旱瘠薄；对土壤要求不高。

观赏特性

花期长，花色丰富，为优良的观花草本。可片植、丛植于公园、庭园、道路旁等绿地，也可应用于花坛、花境，同时也可应用于垂直绿化。

蔓马缨丹

Lantana montevidensis Briq.

科　　属：马鞭草科马缨丹属
花 果 期：全年开花
繁殖方式：播种繁殖、扦插繁殖

形态特征

常绿蔓性灌木。枝条下垂。叶片卵形，边缘有钝齿头状花序，花冠淡紫红色。

分布与习性

原产于南美洲，现各地广泛栽培。喜光照；喜温暖湿润气候；耐干旱瘠薄；对土壤要求不高。

观赏特性

花期长，为优良的观花草本。可片植、丛植于公园、庭园、道路等绿地，可应用于花坛、花境，同时也可应用于垂直绿化。

烟火树

Clerodendrum quadriloculare (Blanco) Merr.

科　　属：马鞭草科大青属
花 果 期：花期 4~11 月
繁殖方式：分株繁殖、扦插繁殖

形态特征

常绿灌木。叶对生，长椭圆形，叶片边缘有锯齿，叶面稍粗糙。聚散状花序，顶生，花长筒形，紫红，前端炸开 5 片洁白耀眼的长条形花瓣。

分布与习性

原产于菲律宾，现我国广东、福建等地有栽培。喜光照；喜温暖湿润气候；耐干旱瘠薄；对土壤要求不高。

观赏特性

花色绚烂，好像繁星闪烁，又如团团烟火，因此称为“烟火树”，为优良的观花植物。可孤植、丛植于公园、庭园等绿地。

垂茉莉

Clerodendrum wallichii Merr.

科　　属：马鞭草科大青属
花 果 期：花果期 10 月至次年 4 月
繁殖方式：播种繁殖、扦插繁殖

形态特征

常绿半蔓性灌木。叶片近革质，长圆形或长圆状披针形，全缘。聚伞花序排列成圆锥状，下垂，花白色，花丝细长。核果球形，初时黄绿色，成熟后紫黑色。

分布与习性

我国分布于广西、云南及西藏，现多地有栽培。喜光照；喜温暖湿润气候；喜疏松、排水良好的土壤。

观赏特性

花色素雅，果实艳丽，为优良的观花观果植物。可孤植、丛植于公园、庭园等绿地。

垂茉莉果

赪桐

Clerodendrum japonicum (Thunb.) Sweet

科　　属：马鞭草科大青属
花 果 期：花期 7~11 月，果期 9~10 月
繁殖方式：分株繁殖、播种繁殖

形态特征

多年生落叶或常绿灌木。叶片圆心形。圆锥状聚伞花序顶生，花冠红色，稀白色。果实椭圆状球形，绿色或蓝黑色。

分布与习性

我国分布于江苏、浙江、湖南、福建、台湾、广东、广西、四川、贵州、云南等地。耐半阴；喜高温高湿气候，不耐寒冷；不耐干旱；喜肥沃、疏松和排水良好的沙质壤土。

观赏特性

花形奇特，开花繁茂可盆栽观赏，也可片植、列植或丛植于公园、庭园等绿地。

臭牡丹

Clerodendrum bungei Steud.

科　　属：马鞭草科大青属
花 果 期：花期 7~11 月，果期 9 月后
繁殖方式：分株繁殖、播种繁殖

形态特征

灌木，植株有臭味。叶片纸质，宽卵形或卵形，边缘具粗或细锯齿。伞房状聚伞花序顶生，密集，花冠淡红色、红色或紫红色。核果近球形，成熟时蓝黑色。

分布与习性

原产于我国华北、西北、西南以及江南地区，现在广泛栽培。喜光照，耐半阴；喜温暖湿润气候，耐寒；耐旱；对土壤要求不高。

观赏特性

花形奇特，花期长，开花繁茂可盆栽观赏，也可片植、列植或丛植于公园、庭园等绿地。

冬红

Holmskioldia sanguinea Retz.

科　　属：马鞭草科冬红属
花 果 期：花期春、夏季，果期秋、冬季
繁殖方式：扦插繁殖

形态特征

常绿灌木。叶对生，膜质，卵形或宽卵形，叶缘有锯齿。聚伞花序，花朱红色或橙红色。果实倒卵形。

分布与习性

原产于喜马拉雅山，现我国广东、广西、台湾、福建等地有栽培。喜光照；喜温暖湿润气候；喜疏松、肥沃、排水良好的土壤。

观赏特性

花形奇特，枝条下垂，为优良的观花植物。可种植于公园、庭园的墙垣、廊架作立体绿化，也可丛植于各绿地。

假连翘

Duranta erecta L.

科　　属：马鞭草科假连翘属

花 果 期：花果期 5~10 月，在南方可为全年

繁殖方式：扦插繁殖

形态特征

常绿灌木，枝条有皮刺。叶对生，少有轮生，叶片卵状椭圆形或卵状披针形，纸质，全缘或中部以上有锯齿。总状花序顶生或腋生，常排成圆锥状，花冠通常蓝紫色。核果球形，熟时红黄色。

分布与习性

原产于中、南美洲热带地区，现各地均有栽培。喜光照，耐半阴；喜温暖湿润气候；不耐寒；不耐干旱；喜疏松、肥沃、排水良好的土壤。

观赏特性

花形奇特，枝条下垂，为优良的观花植物。可种植于公园、庭园的墙垣、廊架作立体绿化。

非洲凌霄

Podranea ricasoliana (Tanf.) Sprague

别　　名：紫芸藤
科　　属：紫葳科非洲凌霄属
花 果 期：花期春季至秋季
繁殖方式：扦插繁殖

形态特征

落叶半蔓性灌木，攀爬性不强。奇数羽状复叶，小叶对生，长卵形，边缘具锯齿。圆锥花序顶生，花冠漏斗状钟形，粉红色至紫红色，喉部带紫红色脉纹。蒴果长线形。

分布与习性

原产于非洲南部，现广泛栽培。喜光照；喜温暖湿润气候；较耐旱；对土壤要求不高。

观赏特性

观花藤本。可作垂直绿化，种植于公园、庭园的墙垣、花架、围栏。

叉叶木

Crescentia alata H. B. K.

别　　名：十字架树
科　　属：紫葳科葫芦树属
花 果 期：花期春季至秋季，果期秋、冬季
繁殖方式：扦插繁殖、播种繁殖

形态特征

常绿小灌木。叶簇生于小枝上，小叶 3 枚，三叉状，像十字架，长倒披针形至倒匙形，几无柄。花 1~2 朵生于小枝或老茎，淡紫色。花冠褐色，有紫褐色脉纹，近钟状。蓇葖果近球形。

分布与习性

原产于南美热带地区，现热带地区有栽培。喜光照；喜温暖湿润气候；不耐寒；喜疏松、排水良好的土壤。

观赏特性

老茎生花，极为奇特。可孤植、丛植或列植于公园、庭园等绿地。

黄钟花

Tecoma stans (L.) Juss. ex Kunth

科　　属：紫葳科黄钟花属
花 果 期：花期夏、秋季
繁殖方式：扦插繁殖、高压繁殖

形态特征

常绿灌木或小乔木。叶对生，奇数羽状复叶，小叶长椭圆形至披针形，叶缘有锯齿。总状花序顶生，花冠鲜黄色。蒴果线形。

分布与习性

原产于中美洲热带地区，我国广东、云南、福建等地有栽培。喜光照，耐半阴；喜温暖湿润气候；喜排水良好，富含有机质的土壤。

观赏特性

花钟形，花色亮丽，花期长，为优良的观花植物。可丛植、孤植于公园、庭园等绿地，也可盆栽观赏。

迷迭香

Rosmarinus officinalis Linn.

科　　属：唇形科迷迭香属
花 果 期：花期11月
繁殖方式：扦插繁殖

形态特征

常绿多年生亚灌木。叶常在枝上丛生，叶片线形，全缘，革质，有香气。总状花序，花冠蓝紫色。坚果。

分布与习性

原产于欧洲及北非地中海沿岸，现广泛栽培。喜光照；喜凉爽湿润气候；对土壤要求不高。

观赏特性

著名的香料植物，花、叶都具有观赏价值。可丛植、片植于公园、庭园等绿地，还可应用于花坛、花境。

鸳鸯茉莉

Brunfelsia brasiliensis (Spreng.) L. B. Sm. & Downs

别　　名：二色茉莉
科　　属：茄科鸳鸯茉莉属
花 果 期：花期 5~11 月
繁殖方式：扦插繁殖

形态特征

常绿灌木。叶互生，长披针形，纸质。花单生或 2~3 朵簇生于叶腋，高脚碟状花，初开时蓝色，后转为白色，芳香。果实为浆果。

分布与习性

原产于热带美洲，现广泛栽培。喜光照；喜温暖湿润气候，不耐寒；忌涝；喜疏松、肥沃且排水良好的土壤。

观赏特性

花色变化，有香味，花期长，为优良的观花植物。可孤植、丛植、片植于公园、庭园等绿地，也可作为绿篱。

毛茎夜香树

Cestrum elegans (Brongn.) Schltdl.

别　　名：紫瓶子花、红花夜来香
科　　属：茄科夜香树属
花 果 期：花期夏、秋季，果期次年 4~5 月
繁殖方式：扦插繁殖

形态特征

常绿灌木。枝条立或近攀缘状。叶卵状披针形，互生。花序伞房状，花冠管狭长，渐扩大，形如瓶状，花冠紫红色，故又得名“紫瓶子花”。浆果羊角状。

分布与习性

原产于热带美洲，现广泛栽培。喜光照；喜温暖湿润气候；耐热；喜疏松、肥沃的沙质土壤。

观赏特性

花形奇特，花色艳丽，为优良的观花植物。可孤植、丛植、片植于公园、庭园的绿地，花枝下垂具有垂坠感。

夜香树

Cestrum nocturnum L.

别　　名：洋素馨
科　　属：茄科夜香树属
花 果 期：花期夏、秋季，果期冬、春季
繁殖方式：扦插繁殖

形态特征

直立或近攀缘状灌木。枝条细长而下垂。叶片矩圆状卵形或矩圆状披针形，全缘。伞房式聚伞花序，有极多花，花冠高脚碟状，花绿白色至黄绿色，晚间极香。浆果矩圆状。

分布与习性

原产于热带美洲，现广泛栽培。喜光照；喜温暖湿润气候；不耐寒；喜疏松、肥沃的微酸性土壤。

观赏特性

花形奇特，具香味，为优良的观花植物。可孤植、丛植、片植于公园、庭园的塘边和亭畔或墙垣边，花枝下垂具有垂坠感。

爆仗竹

Russelia equisetiformis Schlecht. et Cham.

别　　名：炮仗竹
科　　属：玄参科爆仗竹属
花 果 期：花期春、夏季
繁殖方式：分株繁殖、扦插繁殖

形态特征

常绿亚灌木。叶对生或轮生，披针形。聚伞圆锥花序，花红色，花冠长筒状。

分布与习性

原产于墨西哥，现广泛栽培。喜半阴；喜温暖湿润气候；不耐寒；对土壤要求不高。

观赏特性

花序下垂，花色红艳，犹如爆竹，为优良的观花植物。可作悬垂绿化，孤植、丛植于公园、庭园、边坡等绿地。

红花玉芙蓉

Leucophyllum frutescens (Berl.) I. M. Johnston

科　　属：玄参科玉芙蓉属
花 果 期：花期夏、秋季
繁殖方式：高压繁殖、扦插繁殖

形态特征

常绿小灌木。叶互生，椭圆形或倒卵形，密被银白色毛茸，肉质，全缘，微卷曲。花腋生，花冠紫红色。

分布与习性

原产于中美洲，现广泛栽培。喜光照；喜温暖湿润气候；耐寒，耐热，耐旱；对土壤要求不高。

观赏特性

叶肉质，密被白色绒毛，花色艳丽，为优良的观花观叶植物。可孤植、片植、丛植于公园、庭园等绿地。

美丽口红花

Aeschynanthus speciosus Hook.

别　　名：翠锦口红花
科　　属：苦苣苔科芒毛苣苔属
花 果 期：花期 7~9月
繁殖方式：扦插繁殖

形态特征

多年生附生小灌木。枝条匍匐。肉质叶对生，卵状披针形。伞形花序生于茎顶或叶腋间，小花管状，橙黄色，花冠基部绿色。蒴果线形。

分布与习性

原产于爪哇，现广泛栽培。喜半阴；喜温暖湿润气候；不耐寒；不耐旱；喜排水良好，富含有机质的土壤。

观赏特性

花形可爱，为优良的观花植物。可盆栽悬垂观赏，也可种植于公园、庭园等的花架。

白苞爵床

Justicia betonica L.

别　　名：绿苞爵床
科　　属：爵床科爵床属
花 果 期：花期春季至秋季
繁殖方式：播种繁殖、扦插繁殖

形态特征

常绿灌木。叶对生，绿色，椭圆形，全缘。穗状花序，苞片白色，网状绿脉，二唇形白色花冠，基部淡紫色或粉红色。

分布与习性

原产于南非、印度和斯里兰卡，现我国南部地区有栽培。喜光照，耐半阴；喜温暖湿润气候；耐热，不耐寒；喜肥沃、排水良好的土壤。

观赏特性

花量大，花期长，为优良的观花植物。可片植、丛植于公园、庭园等绿地，还可应用于花坛、花境。

叉花草

Strobilanthes hamiltoniana (Steud.) Bosser et Heine

科　　属：爵床科马蓝属
花 果 期：花期秋季
繁殖方式：扦插繁殖

形态特征

直立亚灌木。大叶片披针形，小叶片通常卵形，边缘有细锯齿，两面光滑无毛。穗状花序构成疏松的圆锥花序，花冠粉紫色，花下垂。蒴果。

分布与习性

原产于我国云南、印度，现我国广泛栽培。喜半阴；喜温暖湿润气候；忌涝；喜疏松、排水良好的土壤。

观赏特性

花形可爱，花色典雅，为优良的观花植物。枝条下垂，可孤植、丛植于公园、庭园等绿地，还可盆栽观赏。

金苞花

Pachystachys lutea Nees.

别　　名：黄虾衣花
科　　属：爵床科金苞花属
花 果 期：花期春季至秋季
繁殖方式：扦插繁殖

形态特征

多年生常绿灌木。叶对生，卵形或长卵形，革质。穗状花序，顶生，花苞金黄色，小花白色，花期持久。

分布与习性

原产于墨西哥、秘鲁，现广泛栽培。喜光照，耐半阴；喜高温高湿气候；忌涝；喜疏松、排水良好的土壤。

观赏特性

花形可爱，花色亮黄，为优良的观花植物。可片植、丛植于公园、庭园等绿地，也可应用于花坛、花境，还可盆栽观赏。

珊瑚塔

Aphelandra sinclairiana Nees.

别　　名：美丽单药花
科　　属：爵床科单药花属
花 果 期：花期早春
繁殖方式：扦插繁殖

形态特征

多年生常绿灌木。叶对生，长椭圆形。花序顶生，密集重叠如穗状，花瓣桃红色。

分布与习性

原产于马达加斯加、巴拿马，现各地植物园有栽培。喜光照，耐半阴；喜高温多湿气候；忌涝；喜疏松、排水良好的土壤。

观赏特性

花姿奇异，花苞持久不凋，为优良的观花植物。可片植、丛植于公园、庭园等绿地，也可应用于花坛、花境，还可盆栽观赏。

黄脉爵床

Sanchezia nobilis Hook. f.

别　　名：金脉爵床
科　　属：爵床科黄脉爵床属
繁殖方式：扦插繁殖

形态特征

常绿灌木。叶片矩圆形，倒卵形，顶端渐尖或尾尖，基部楔形至宽楔形，下沿，边缘为波状圆齿，黄色网状脉。顶生穗状花序小，花黄色。

分布与习性

原产于厄瓜多尔，现各地有栽培。喜光照，耐半阴，忌暴晒；喜温暖湿润气候；忌涝；喜疏松、排水良好的土壤。

观赏特性

叶色奇特，为优良的观叶植物。可片植、丛植于公园、庭园等绿地，也可应用于花坛、花境，还可盆栽观赏。

赤苞花

Megaskepasma erythrochlamys Lindau.

别　　名：红蓬爵床
科　　属：爵床科赤苞花属
花 果 期：花期 3~7 月
繁殖方式：扦插繁殖、播种繁殖

形态特征

常绿半木质化灌木。叶宽椭圆形，浅绿色，叶脉明显；花序顶生，众多苞片组成，苞片由深粉色到红紫色不等，花冠白色二唇状。果实棍棒状。

分布与习性

原产于中美洲，现各地植物园有栽培。喜光照，耐半阴，忌暴晒；喜高温多湿气候；不耐寒；喜疏松、排水良好的土壤。

观赏特性

花苞片层层叠起，颜色鲜艳，为优良的观花植物。可片植、丛植于公园、庭园等绿地，还可盆栽观赏。

假杜鹃

Barleria cristata L.

别　　名：洋杜鹃

科　　属：爵床科假杜鹃属

花 果 期：花期 11 月至次年 3 月，果期冬、春季

繁殖方式：扦插繁殖、播种繁殖

形态特征

常绿小灌木。叶片纸质，椭圆形、长椭圆形或卵形，全缘。花在短枝上密集。花冠蓝紫色或白色，二唇形，花冠管圆筒状。蒴果长圆形。

分布与习性

我国分布于台湾、福建、广东、海南、广西、四川、贵州、云南和西藏等地。喜半阴，忌暴晒；喜温暖湿润气候；喜疏松、排水良好的土壤。

观赏特性

优良的观花植物。可孤植、丛植于公园、庭园等绿地，还可盆栽观赏。

紫云杜鹃

Pseuderanthemum laxiflorum (A. Gray) F. T. Hubb. ex L. H. Bailey

别　　名：疏花山壳骨、大花钩粉草
科　　属：爵床科山壳骨属
花 果 期：花期夏、秋季
繁殖方式：扦插繁殖

形态特征

常绿灌木。叶对生，长椭圆形或披针形，全缘。花长筒状，腋生，紫红色。

分布与习性

原产于南美洲，现亚热带地区有栽培。喜光照，耐半阴，忌暴晒；喜温暖湿润气候；喜疏松、排水良好的土壤。

观赏特性

优良的观花植物。可孤植、丛植于公园、庭园等绿地，还可盆栽观赏。

喜花草

Eranthemum pulchellum Andrews.

别　　名：可爱花
科　　属：爵床科喜花草属
花 果 期：花期秋、冬季
繁殖方式：扦插繁殖

形态特征

常绿灌木。叶对生，叶片通常卵形，有时椭圆形，全缘或有不明显的钝齿。穗状花序顶生和腋生，花冠蓝色或白色，高脚碟状。蒴果。

分布与习性

原产于印度，现我国南部地区和西南部地区有栽培。喜光照，耐半阴，忌暴晒；喜温暖湿润气候；喜疏松、排水良好的土壤。

观赏特性

优良的观花植物。可孤植、丛植、片植于公园、庭园、水岸边等绿地，还可盆栽观赏。

蓝花草

Ruellia brittoniana Leonard.

别　　名：翠芦莉
科　　属：爵床科芦莉草属
花 果 期：花期春季至秋季，果期夏、秋季
繁殖方式：扦插繁殖、播种繁殖

形态特征

常绿小灌木。单叶对生，线状披针形，全缘或有锯齿。总状花序数个组成圆锥花序，花瓣蓝色。蒴果。

分布与习性

原产于墨西哥，现广泛栽培。喜光照，耐半阴；喜温暖湿润气候；耐寒，耐热；耐干旱瘠薄；对土壤要求不高。

观赏特性

优良的观花植物。可丛植、片植于公园、庭园、水岸边等绿地，也可应用于花坛、花境。

艳芦莉

Ruellia elegans Poir.

别　　名：大花芦莉、红花芦莉
科　　属：爵床科芦莉草属
花 果 期：花期夏、秋季
繁殖方式：扦插繁殖、播种繁殖

形态特征

常绿小灌木。叶椭圆状披针形或长卵圆形，叶绿色，对生。花腋生，花冠筒状，鲜红色。

分布与习性

原产于巴西，现广泛栽培。喜光照，耐半阴；喜温暖湿润气候；对土壤要求不高。

观赏特性

优良的观花植物。可丛植、片植于公园、庭园、水岸边等绿地，也可应用于花坛、花境。

直立山牵牛

Thunbergia erecta (Benth.) T. Anders.

别　　名：硬枝老鸦嘴
科　　属：爵床科山牵牛属
花 果 期：花期全年
繁殖方式：扦插繁殖、分株繁殖

形态特征

常绿灌木。叶片近革质，卵形至卵状披针形。花单生于叶腋，花冠管白色，喉黄色，冠檐紫堇色，内面散布有小圆透明凸起。蒴果。

分布与习性

原产于西部非洲，现广泛栽培。喜光照，耐半阴；喜高温多湿气候；不耐寒；耐旱；对土壤要求不高。

观赏特性

优良的观花植物。可孤植，丛植于公园、庭园的绿地、墙垣边。

栀子

Gardenia jasminoides Ellis.

科　　属：茜草科栀子属
花 果 期：花期 3~7 月，果期 5 月至次年 2 月
繁殖方式：播种繁殖、扦插繁殖

形态特征

灌木。叶对生，革质，稀为纸质，叶形多样，通常为长圆状披针形、倒卵状长圆形、倒卵形或椭圆形。花芳香，通常单朵生于枝顶，花冠白色或乳黄色，高脚碟状；变种白蟾（*Gardenia jasminoides* var. *fortuniana*），花大重瓣。果卵形、近球形、椭圆形或长圆形，黄色或橙红色。

变种白蟾

分布与习性

我国各地均有栽培。喜光照，忌暴晒；喜温暖湿润气候；喜疏松且排水良好的土壤。

观赏特性

花色洁白，香味清新，为优良的观花植物，可片植、丛植或列植于公园、庭园等绿地，也可应用于花坛、花境，还可盆栽观赏。

龙船花

Ixora chinensis Lam.

科　　属：茜草科龙船花属
花 果 期：花期 5~7 月
繁殖方式：扦插繁殖

形态特征

灌木。叶对生，披针形、长圆状披针形至长圆状倒披针形。花序顶生，多花，花冠红色或红黄色。果近球形，双生。浆果。

分布与习性

我国分布于福建、广东、香港、广西等地，现广泛栽培。喜光照，耐半阴；喜温暖湿润气候；耐寒；耐旱；对土壤要求不高。

观赏特性

花期长，为优良的观花植物。可片植、丛植、列植于公园、庭园等绿地，还可应用于花坛、花境，也可盆栽观赏。

虎刺

Damnacanthus indicus Gaertn.

科　　属：茜草科虎刺属
花 果 期：花期 3~5 月，果熟期冬季至次年春季
繁殖方式：扦插繁殖、播种繁殖

形态特征

具刺灌木。叶对生，卵形、心形或圆形，叶缘全缘。花两性，花冠白色，管状漏斗形。核果红色，近球形。

分布与习性

我国分布于西藏、云南、贵州、四川、广西、广东、湖南、湖北、江苏、安徽、浙江、江西、福建、台湾等地。喜光照，耐半阴；喜温暖湿润气候；不耐寒；忌涝；对土壤要求不高。

观赏特性

花果都具有观赏价值。可片植、丛植于公园、庭园等绿地。

六月雪

Serissa japonica (Thunb.) Thunb.

科　　属：茜草科白马骨属
花 果 期：花期5~7月，果期8~9月
繁殖方式：扦插繁殖

形态特征

常绿小灌木。叶革质，卵形至倒披针形，边全缘。花单生或数朵丛生于小枝顶部或腋生，花冠淡红色或白色。常见栽培品种有金边六月雪 *S. japonica*‘Variegata’。

分布与习性

我国分布于江苏、安徽、江西、浙江、福建、广东、香港、广西、四川、云南，现广泛栽培。喜光照，耐半阴，忌暴晒；喜温暖湿润气候；耐旱；对土壤要求不高。

观赏特性

花小巧可爱，为优良的观花观叶植物。可作绿篱，也可片植、丛植于公园、庭园等绿地。

长隔木

Hamelia patens Jacq.

别　　名：希茉莉
科　　属：茜草科长隔木属
花 果 期：花期 5~10 月
繁殖方式：扦插繁殖

形态特征

多年生常绿灌木。叶通常 3 枚轮生，椭圆状卵形至长圆形。聚伞花序，花冠橙红色，冠管狭圆筒状。浆果卵圆状，暗红色或紫色。

分布与习性

原产于热带美洲，现广泛栽培。喜光照；喜高温多湿气候；耐热，不耐寒；耐旱；喜排水好又保湿的微酸土壤。

观赏特性

花期长，花形奇特，满树繁花，为优良的观花植物。可孤植、丛植于公园、庭园等绿地，还可应用于花坛、花境。

玉叶金花

Mussaenda pubescens Ait. f.

科　　属：茜草科玉叶金花属
花 果 期：花期4~5月
繁殖方式：扦插繁殖

形态特征

常绿攀缘灌木。叶对生或轮生，膜质或薄纸质，卵状长圆形或卵状披针形。聚伞花序顶生，密花，萼片叶状雪白色，花冠黄色。浆果近球形。

分布与习性

我国分布于广东、香港、海南、广西、福建、湖南、江西、浙江和台湾等地，现广泛栽培。耐阴；喜温暖湿润气候；喜排水好又保湿的土壤。

观赏特性

花形奇特，为优良的观花观叶植物。可孤植、丛植于公园、庭园等绿地，还可应用于花坛、花境。

粉纸扇

Mussaenda hybrida ‘Alicia’

别　　名：粉花玉叶金花
科　　属：茜草科玉叶金花属
花 果 期：花期6~10月
繁殖方式：扦插繁殖

形态特征

半落叶灌木。叶对生，长椭圆形，全缘。聚伞花序顶生，花萼增大为粉红色的花瓣状，花冠黄色。

分布与习性

园艺杂交种，现广泛栽培。喜光照，耐半阴；喜温暖湿润气候；喜排水好又保湿的土壤。

观赏特性

花形奇特，为优良的观花观叶植物。可孤植、丛植于公园、庭园等绿地。

银叶郎德木

Rondeletia leucophylla Kunth.

别　　名：白背郎德木、巴拿马玫瑰
科　　属：茜草科郎德木属
花 果 期：花期春季至秋季
繁殖方式：扦插繁殖

形态特征

多年生亚灌木。叶片细长披针形，正面绿色有光泽，背面带银白色。小花聚集，花粉红色。

分布与习性

原产于古巴、巴拿马、墨西哥，现广泛栽培。喜光照，耐半阴；喜温暖湿润气候；喜排水好又保湿的土壤。

观赏特性

花期长，花叶都具有观赏价值，为优良的观花观叶植物。可片植、丛植于公园、庭园等绿地，也可应用于花境。

锦带花

Weigela florida (Bunge) A. DC.

科　　属：忍冬科锦带花属
花 果 期：花期4~6月
繁殖方式：扦插繁殖、压条繁殖

形态特征

落叶灌木。叶矩圆形、椭圆形至倒卵状椭圆形，边缘有锯齿。花单生或成聚伞花序生于侧生短枝的叶腋或枝顶，花冠紫红色或玫瑰红色，常见栽培种有红王子锦带 *W. florida*‘red prince’及金叶锦带 *W. florida*‘variegata’。

分布与习性

我国各地多有分布。喜光照，耐半阴；喜温暖湿润气候；耐寒；喜排水良好的土壤。

观赏特性

优良的观花植物。可孤植、丛植于公园、庭园的绿地。

芙蓉菊

Crossostephium chinense (L.) Makino

科　　属：菊科芙蓉菊属
花 果 期：花果期全年
繁殖方式：播种繁殖、扦插繁殖

形态特征

常绿亚灌木。叶狭匙形或狭倒披针形，全缘或有时 3~5 裂，两面密被白色绒毛，具香味。头状花序盘状，金黄色。瘦果矩圆形。

分布与习性

原产于我国，现广泛栽培。喜光照，不耐阴；喜温暖湿润气候；耐热，不耐寒；耐盐碱；喜疏松、肥沃的土壤。

观赏特性

花叶均具有观赏价值，为优良的观花植物。可孤植、丛植于公园、庭园等绿地，也可应用于花坛、花境。

草本

鸟巢蕨

Neottopteris nidus (Linn.) J. Sm.

科　　属：铁角蕨科巢蕨属
繁殖方法：孢子繁殖、扦插繁殖

形态特征

附生蕨类。株形呈漏斗状或鸟巢状，故得名。根状茎短而直立，柄粗壮而密生大团海绵状须根，能吸收大量水分。叶簇生，辐射排列，中空如巢形结构。

分布与习性

分布于热带、亚热带地区。喜半阴，散射光，不耐强光；喜高温湿润气候，不耐寒；忌积水；喜疏松、排水良好的土壤。

观赏特性

株形丰满，叶色葱绿，为较大型的阴生观叶植物。可栽植于树下、假山、岩石上以增添野趣，同时也可盆栽观赏。

扇叶铁线蕨

Adiantum flabellulatum L.

科　　属：铁线蕨科铁线蕨属

繁殖方法：孢子繁殖

形态特征

多年生草本。根状茎短而直立，密被棕色有光泽的鳞片。叶簇生，叶片扇形，叶干后近革质，绿色或常为褐色，两面均无毛。孢子囊群每羽片 2~5 枚。

分布与习性

我国广泛分布。喜光照，耐阴；喜温暖湿润气候；喜酸性土壤。

观赏特性

叶片形态奇特，叶色清新，为优良的观赏蕨类。可盆栽观赏，也可种植于假山、庭园、公园作为点缀。

阿波银线蕨

Pteris cretica ‘Albolineata’

别　　名：银心大叶凤尾蕨
科　　属：凤尾蕨科凤尾蕨属
繁殖方式：孢子繁殖、分株繁殖

形态特征

多年生草本。叶簇生，二型或近二型，叶片卵圆形，叶缘有锯齿，叶中银白色，叶干后纸质，绿色或灰绿色，无毛；叶轴禾秆色，表面平滑。

分布与习性

分布于热带、亚热带，甚至寒带地区，极其广泛，性喜温暖，喜半阴，怕强光直射。

观赏特性

叶色翠绿，形态婀娜多姿，给人清新舒畅的感觉，根状茎和叶都具极高的观赏价值，是优良的观叶植物，也可以作为景观植物配植于假山岩石边或用于苔藓微景观作配景植物。

翠云草

Selaginella uncinata (Desv.) Spring

别　　名：蓝地柏
科　　属：卷柏科卷柏属
繁殖方式：孢子繁殖、扦插繁殖。

形态特征

多年生草本。茎伏地蔓生。叶全部交互排列，二型，草质，表面光滑，具虹彩，边缘全缘，有明显白边。孢子叶穗紧密，单生于小枝末端。孢子叶一型，卵状三角形，边缘全缘，具白边，大孢子叶分布于孢子叶穗下部的下侧或中部的下侧或上部的下侧。大孢子灰白色或暗褐色，小孢子淡黄色。

分布与习性

我国特有，其他国家也有栽培。喜半阴，忌暴晒；喜温暖湿润气候，不耐干旱；喜疏松肥沃的弱酸性或酸性土壤。

观赏特性

株形奇特，叶似云纹，叶色翠绿，并有蓝绿色荧光，是优良的观叶植物，可盆栽观赏，也可应用于公园、庭园、岩石作为点缀或片植。

鸭跖草

Commelina communis L.

别　　名：翠蝴蝶
科　　属：鸭跖草科鸭跖草属
花 果 期：花期春季
繁殖方式：播种繁殖、扦插繁殖

形态特征

一年生披散草本。茎匍匐。叶互生，披针形至卵状披针形。总苞片佛焰苞状，绿色，聚伞花序，顶生或腋生，花瓣深蓝色。蒴果椭圆形，棕黄色。

分布与习性

我国多分布于长江以南各地。喜半阴，忌强光暴晒；喜温暖湿润气候；耐干旱，较耐水湿；对土壤要求不严。

观赏特性

花小巧可爱，可作为耐阴地被，种植于公园、庭园等绿地。

白花紫露草

Tradescantia fluminensis Vell.

科　　属：鸭跖草科紫露草属
花 果 期：花期夏、秋季
繁殖方式：分株繁殖、压条繁殖、扦插繁殖

形态特征

多年生常绿草本。茎匍匐，节略膨大。叶互生，长圆形或卵状长圆形。花小，白色，多朵聚生成伞形花序。

分布与习性

原产于南美、巴西中部、乌拉圭等，目前各地广泛栽培。耐阴，忌烈日暴晒，喜散射光；喜温暖湿润气候；耐水湿，不耐旱；对土壤要求不高，一般园土即可。

观赏特性

叶色翠绿明亮，花色洁白，清新可爱，为优良的耐阴地被。可种植于林下，也可盆栽观赏。

吊竹梅

Tradescantia zebrina Heynh.

别　　名：斑叶鸭跖草、吊竹兰
科　　属：鸭跖草科紫露草属
繁殖方式：扦插繁殖

形态特征

多年生草本。茎稍柔弱，半肉质，匍匐蔓性生长，可下垂。叶椭圆状卵形至矩圆形，上面紫绿色夹杂以银白色，下面紫红色。小花白色或红色腋生。蒴果。

分布与习性

原产于墨西哥，现广泛栽培。喜半阴，忌烈日暴晒；较耐水湿；对土壤要求较低。

观赏特性

叶形似竹，叶片美丽，常做盆栽悬挂，故有“吊竹梅”之称，是优良的观叶植物，同时也可种植于林下。

紫背万年青

Tradescantia spathacea Sw.

别　　名：蚌花

科　　属：鸭跖草科紫露草属

繁殖方式：扦插繁殖、分株繁殖

形态特征

常绿宿根草本植物。叶宽披针，叶背紫色。花腋生，白色花朵被两片蚌壳般的紫色苞片。

分布与习性

原产于墨西哥和西印度群岛，现广泛栽培。喜光照，耐半阴，忌烈日暴晒；要求肥沃且保水的土壤。

观赏特性

叶形似竹，花小巧，为优良的观叶观花植物，可作地被片植于公园、庭园等绿地。

海芋

Alocasia odora (Roxb.) K. Koch

别　　名：滴水观音
科　　属：天南星科海芋属
花 果 期：花期四季，但在密阴的林下常不开花
繁殖方式：分株繁殖、扦插繁殖、播种繁殖

形态特征

常绿大草本植物。叶多数，螺状排列，粗厚，展开，亚革质，草绿色，箭状卵形，边缘波状，有的长宽都在 1 米以上。花序柄 2~3 枚丛生，圆柱形，佛焰苞管部绿色，卵形或短椭圆形，肉穗花序芳香，雌花序白色，不育雄花序绿白色，能育雄花序淡黄色。浆果红色，卵状。

分布与习性

我国分布于江西、福建、台湾、湖南、广东、广西、四川、贵州、云南等地；国外自孟加拉、印度东北部至马来半岛、中南半岛以及菲律宾、印度尼西亚都有，现广泛栽培。耐阴，忌强光；喜高温高湿；不抗风。

观赏特性

叶大而平展，为优良的观叶植物，种植于林下颇有一番热带雨林般的气息。可片植或孤植于公园、庭园等绿地。海芋有毒切勿食用。

合果芋

Syngonium podophyllum Schott.

科　　属：天南星科合果芋属
繁殖方式：分株繁殖、扦插繁殖

形态特征

多年生蔓性常绿草本。茎节具气生根，攀附他物生长。叶片呈两型性，幼叶箭形或戟形，老叶成5~9裂的掌状叶，且叶质加厚。佛焰苞浅绿色或黄色。园艺品种丰富，叶形、叶色上都有很多的变化。

分布与习性

原产于中美洲、南美洲的热带雨林中，现广泛栽培。耐阴，忌强光；喜温暖湿润气候；怕干旱；对土壤要求不高。

观赏特性

优良的观叶植物。可作垂直绿化种植于公园、庭园的墙垣、栏架、围栏，也可作为地被种植，还可盆栽观赏。

红掌

Anthurium andraeanum Linden.

别　　名：花烛
科　　属：天南星科花烛属
花 果 期：花期全年
繁殖方法：播种繁殖、分株繁殖

形态特征

多年生常绿草本植物。具肉质根、茎。叶单生，心形，鲜绿色。肉穗花序白色直立，外被鲜红色蜡质佛焰苞。

分布与习性

原产于南美洲热带雨林，现广泛栽培。喜光，耐半阴，忌阳光直射；喜高温湿润气候，不耐寒；喜肥，忌盐碱；喜疏松、排水性良好的土壤。

观赏特性

优良的观花观叶植物，可盆栽于室内观赏，也是切花的好材料。

白鹤芋

Spathiphyllum kochii Engl. et Krause

别　　名：白掌、一帆风顺
科　　属：天南星科白鹤芋属
花 果 期：花期一般为 5~8 月
繁殖方法：分株繁殖、播种繁殖

形态特征

多年生草本。叶长椭圆披针形。花葶直立，肉穗花序圆柱形白色，外被佛焰苞直立向上，稍卷。浆果，密集于肉穗花序上。

分布与习性

原产于热带美洲。喜光，耐半阴，忌强光暴晒；喜高温多湿环境，不耐寒；以肥沃、含腐殖质的土壤为宜。

观赏特性

花洁白无瑕，亭亭玉立，叶色翠绿，也具有“一帆风顺”这一吉祥的寓意，是优良的观叶观花植物，可盆栽观赏，也可于庭园、公园等绿地荫蔽处点缀丛植，此外还可以水培观赏。

羽叶喜林芋

Philodendron bipinnatifidum Schott ex Endl.

别　　名：春雨、小天使蔓绿绒
科　　属：天南星科喜林芋属
繁殖方法：分株繁殖，播种繁殖

形态特征

多年生常绿草本植物。茎极短，有明显的叶痕及气根。叶从茎顶部向四面伸展，长圆状箭形，羽状深裂。花单性，佛焰苞肉质，黄色或白色，肉穗花序直立。

分布与习性

原产于巴西、巴拉圭等，现广泛栽培。耐阴，喜高温多湿环境；不耐寒；喜排水良好的肥沃的微酸性土壤。

观赏特性

叶形奇特，叶色浓绿，是优良的观叶植物。可盆栽置于室内观赏，也可种植于公园、庭园等绿地较阴处。

卷丹百合

Lilium tigrinum Ker Gawl.

别　　名：虎皮百合、天盖百合
科　　属：百合科百合属
花 果 期：花期 7~8 月，果期 8~10 月
繁殖方式：分株繁殖

形态特征

多年生球根草本。鳞茎广卵状球形，茎上着生黑紫色斑点。单叶互生，无柄，狭披针形。花下垂，花被橙红色或砖黄色，反卷，内面具紫黑色斑点。蒴果长圆形至倒卵形。

分布与习性

原产于我国、日本、朝鲜，现各地均有栽培。喜光；喜冷凉及干燥环境；耐寒，不耐热；不耐水湿；土壤以黏质土壤为宜。

观赏特性

花色火红，姿态优雅，花被反卷，故名“卷丹”，又因花瓣有紫色斑纹像虎皮花纹，故又称“虎皮百合”，是优良的观花植物，可庭园栽植应用于花坛、花境，也可作为切花或盆栽观赏。

吊兰

Chlorophytum comosum (Thunb.) Baker

科　　属：百合科吊兰属
花 果 期：花期5月，果期8月
繁殖方式：扦插繁殖

形态特征

多年生草本。叶丛生，剑形。花葶比叶长，总状花序或圆锥花序，花白色。蒴果三棱状扁球形。

分布与习性

原产于非洲南部，现广泛栽培应用。喜半阴；喜温暖湿润气候；较耐旱、不耐寒；喜排水良好的土壤。

观赏特性

栽培品种有花叶、金边、银边品种，为优良的观叶植物。可作垂直绿化，也可作为地被种植公园、庭园、道路旁等绿地，也可盆栽观赏。

天门冬

Asparagus cochinchinensis (Lour.) Merr

科　　属：百合科天门冬属
花 果 期：花期5~6月，果期8~10月
繁殖方式：种子繁殖、分株繁殖

形态特征

多年生常绿半蔓生草本。根在中部或近末端成纺锤状膨大。茎平滑，常弯曲或扭曲。叶状枝通常每3枚成簇。花淡绿色，通常2朵腋生。

分布与习性

我国中部、西部及南方各地均有分布；多生长于山野林缘阴湿地，半耐阴；喜温暖湿润气候，不耐寒冷；耐干旱瘠薄。

观赏特性

观叶植物，可作为地被种植于林下。

郁金香

Tulipa gesneriana Linn.

科　　属：百合科郁金香属
花 果 期：花期因地而异，普遍在 2~5 月
繁殖方式：分株繁殖

形态特征

多年生球根植物。鳞茎扁圆锥形或扁卵圆形。叶条状披针形或卵状披针形，3~5 片。花单生茎顶，大型而艳丽。在园艺家们的努力下，郁金香的花色、花形都很丰富，花色有白色、粉红色、紫色、黄色、褐色等，深浅不一，单色或复色，花形有杯形、碗形、卵形、球形、漏斗形等。

分布与习性

原产于伊朗和土耳其高山地带。喜光照，喜冬季温暖湿润、夏季干燥凉爽的气候；耐寒性强，不耐高温；喜疏松肥沃、排水良好的微酸性土壤。

观赏特性

观花植物，可作为地被种植于林下，也可作为盆栽观赏。

蜘蛛抱蛋

Aspidistra elatior Blume.

别　　名：一叶兰
科　　属：百合科蜘蛛抱蛋属
花 果 期：花期11月
繁殖方法：分株繁殖

形态特征

多年生常绿草本。根状茎近圆柱形，具节和鳞片。叶单生，矩圆状披针形、披针形至近椭圆形，边缘多少皱波状，两面绿色，有时稍具黄白色斑点或条纹。花钟状，单生，贴地开放。因浆果的外形似蜘蛛卵，露出土面的地下根茎似蜘蛛，故名“蜘蛛抱蛋”。

分布与习性

我国各地多有栽培。喜半阴；喜温暖湿润气候，较耐寒；对土壤要求不严格，以疏松肥沃的微酸土壤为宜。

观赏特性

叶色浓绿，叶形挺拔，是优良的观叶植物。可作为林下地被，同时也可盆栽观赏。

百子莲

Agapanthus praecox Willd.

别　　名：紫君子兰
科　　属：百合科百子莲属
花 果 期：花期7~8月，果期8~10月
繁殖方法：分株繁殖，播种繁殖

形态特征

多年生草本。叶线状披针形。花茎直立，伞形花序，花漏斗状，深蓝色或白色。蒴果。

分布与习性

原产南非。喜光照；喜温暖湿润气候；喜肥沃疏松及排水良好的土壤。

观赏特性

花色明艳，气度非凡，是优良的观花植物。因其花后结籽众多而得名“百子莲”，可盆栽观赏，也可种植于公园、庭园等绿地或应用于花坛、花境中。

银边山菅兰

Dianella ensifolia 'Marginata'

科　　属：百合科山菅兰属
花 果 期：花期夏季
繁殖方法：分株繁殖，播种繁殖

形态特征

多年生草本。叶丛生带状，边缘有黄白色带状色带，革质。圆锥花序，淡紫色、绿白色至淡黄色。

分布与习性

园艺栽培种，现广泛栽培。喜光照，耐半阴；喜温暖湿润气候；耐寒，耐热；耐干旱瘠薄；喜肥沃疏松及排水良好的土壤。

观赏特性

优良的观叶植物，可盆栽观赏，也可作为地被种植于公园、庭园等绿地，或应用于花坛、花境中。

紫萼

Hosta ventricosa (Salisb.) Stearn

别　　名：紫玉簪
科　　属：百合科玉簪属
花 果 期：花期6~7月，果期7~9月
繁殖方法：分株繁殖

形态特征

多年生草本。叶卵状心形、卵形至卵圆形。花葶具10~30朵花，花单生，紫红色。蒴果圆柱状，有三棱。

分布与习性

我国分布于江苏、安徽、浙江、福建、江西、广东、广西、贵州、云南、四川、湖北、湖南等地，现广泛栽培。喜阴，忌阳光暴晒；喜温暖湿润气候；耐寒；喜肥沃疏松及排水良好的土壤。

观赏特性

优良的观花植物，可盆栽观赏，也可作为地被片植、丛植于公园、庭园等绿地，或应用于花坛、花境中。

风信子

Hyacinthus orientalis Linn.

别　　名：洋水仙
科　　属：百合科风信子属
花 果 期：花期3~4月
繁殖方法：分株繁殖

形态特征

多年生草本。鳞茎球形或扁球形。叶基生，肥厚，带状披针形。总状花序，漏斗形，花色丰富，有红色、白色、黄色、蓝色、紫色等，还有重瓣品种。具芳香。蒴果球形。

分布与习性

原产于南欧及小亚细亚，现广泛栽培。喜光照，耐半阴；喜温暖湿润气候；喜肥沃疏松及排水良好的土壤。

观赏特性

优良的观花植物，可盆栽观赏，也可作为地被片植于公园、庭园等绿地，或应用于花坛、花境中。

君子兰

Clivia miniata Regel.

别　　名：剑叶石蒜、大叶石蒜
科　　属：石蒜科君子兰属
花 果 期：花期为春、夏季，有时冬季也可开花；果期 10 月
繁殖方法：播种繁殖、分株繁殖

形态特征

多年生球根植物。根肉质纤维状。叶基部形成假鳞茎，叶质厚，深绿色，具光泽，形似剑，互生排列，全缘。伞形花序顶生，有花 10~20 朵，花被宽漏斗形，鲜红色，内面略带黄色。浆果紫红色，宽卵形。

分布与习性

原产于南非南部，现广泛栽培。喜半阴，忌强光直射；喜通风湿润环境，不耐热，不耐寒；喜疏松肥沃的微酸性有机质土壤。

观赏特性

花、叶美观大方，有君子风姿，为优良的观花观叶植物，可室内盆栽观赏。

金边龙舌兰

Agave americana var. *variegata* Nichols

科　　属：石蒜科龙舌兰属
花 果 期：花期夏季
繁殖方法：分株繁殖、播种繁殖

形态特征

多年生常绿草本。茎短，稍木质。叶呈剑形，质厚平滑，绿色，叶边缘黄色条带镶嵌，边缘有刺状锯齿。圆锥花序，花葶粗壮，花黄绿色。蒴果长圆形。

分布与习性

原产于美洲沙漠地带。喜光照，喜温热气候；耐干旱瘠薄，不耐涝；对土壤要求不高，喜疏松透水的土壤。

观赏特性

叶片坚挺美观、有色彩，是优良的观叶植物。可布置于花坛、公园、草坪等绿地，也可盆栽观赏。

水仙

Narcissus tazetta L. var. *chinensis* Roem.

别　　名：中国水仙
科　　属：石蒜科水仙属
花 果 期：花期 1~2 月
繁殖方式：侧球繁殖、侧芽繁殖、双鳞片繁殖

形态特征

鳞茎圆锥形或卵球形。叶宽线形，全缘，苍绿。花茎几与叶等长，伞形花序有花 4~8 朵，花被白色，副花冠淡黄色，花芳香。果实为小蒴果。

分布与习性

原产于亚洲东部的海滨温暖地区以及我国浙江、福建等，其中以福建漳州地区最为集中，目前已广泛栽培。喜光照，耐半阴；喜温暖湿润气候；喜肥沃的土壤，可以水培。

观赏特性

中国十大名花之一，属中国传统观花花卉，花朵秀丽，超凡脱俗，香气清新优雅，常水培盆栽放置于室内观赏，开花恰逢春节，故又是广为使用的年花，也可作为时花组合摆放于公园绿地起到点缀的效果。

黄水仙

Narcissus pseudonarcissus L.

别　　名：洋水仙、喇叭水仙
科　　属：石蒜科水仙属
花 果 期：花期春季
繁殖方式：分球繁殖、播种繁殖

形态特征

多年生草本。鳞茎球形。叶 4~6 枚，直立向上，宽线形，钝头。花茎顶端生花 1 朵，花被淡黄色，副花冠稍短于花被或近等长。

分布与习性

原产于法国、西班牙、葡萄牙，现已全面引种至我国。喜光照，耐半阴；冬季喜湿冷，夏季喜干热；忌积水；喜肥沃疏松且排水良好的微酸性土壤。

观赏特性

花大色艳，为优良的观花植物。可作盆花观赏，用于花坛、花境、草坪等地摆放，也是切花的好材料。

紫娇花

Tulbaghia violacea Harv.

别　　名：洋韭菜
科　　属：石蒜科紫娇花属
花 果 期：花期 5~7月
繁殖方式：分球繁殖、播种繁殖

形态特征

多年生球根花卉。鳞茎近球形。叶狭长线性，茎叶均含韭味。花茎直立，伞形花序，具多数花，花粉紫色。

分布与习性

原产于南非。喜光照，耐半阴；喜温暖湿润气候；对土壤要求不高，喜肥沃的沙质壤土。

观赏特性

观花植物，可盆栽观赏，也可布置于花坛、公园、庭园等绿地。

葱莲

Zephyranthes candida (Lindl.) Herb.

别　　名：玉帘、葱兰
科　　属：石蒜科葱莲属
花 果 期：花期夏、秋季
繁殖方式：播种繁殖、分株繁殖

形态特征

多年生球根草本。鳞茎卵形。叶狭线形，肥厚，亮绿色。花茎中空，花单生于花茎顶端，花白色。蒴果近球形。

分布与习性

原产于南美，现我国各地均有种植。喜光照，耐半阴；较耐寒；喜疏松肥沃的土壤。

观赏特性

花朵洁白美丽，为优良的观花植物。常栽植于花坛或林下半阴处。

韭莲

Zephyranthes grandiflora Lindl.

别　　名：韭兰、风雨花
科　　属：石蒜科葱莲属
花 果 期：花期6~9月
繁殖方式：播种繁殖、分株繁殖

形态特征

多年生球根植物。鳞茎卵球形。叶线形，基生。花单生茎顶，喇叭状，粉红色，形似水仙。蒴果近球形。

分布与习性

原产于南美，现多栽植于热带、亚热带地区。喜光，耐半阴；喜温暖湿润环境，耐高温，较不耐寒；耐干旱；喜排水良好的沙质土壤。

观赏特性

花色鲜艳，花期长，为优良的观花植物。可成片种植于公园、花坛等绿地，也可盆栽观赏。

夏雪片莲

Leucojum aestivum L.

科　　属：石蒜科雪片莲属
花 果 期：花期春季
繁殖方式：播种繁殖、分株繁殖

形态特征

多年生球根花卉。鳞茎卵圆形。基生叶数枚，绿色，宽线形。伞形花序，花下垂，花白色，顶端有绿点。蒴果近球形。

分布与习性

原产于欧洲中部及南部，现广泛栽培。喜光，耐半阴；喜温暖湿润环境，耐寒；喜水湿，不耐干旱；喜排水良好的沙质土壤。

观赏特性

花形奇特，似铃铛，美丽动人，为优良的观花植物。可片植、丛植于公园、庭园等绿地，也可应用于花坛、花境，也可盆栽观赏。

文殊兰

Crinum asiaticum L. var. *sinicum* (Roxb. ex Herb.) Baker

科　　属：石蒜科文殊兰属
花 果 期：花期夏季
繁殖方式：播种繁殖、分株繁殖

形态特征

多年生粗壮草本。叶带状披针形。花茎直立，几与叶等长，伞形花序，花高脚碟状，芳香，白色，雄蕊淡红色。蒴果近球形。

分布与习性

我国分布于福建、台湾、广东、广西等地。喜光，耐半阴；喜温暖湿润环境，较不耐寒；喜排水良好的土壤。

观赏特性

花形奇特，花香，为优良的观花观叶植物。可片植于公园、庭园等绿地，也可盆栽观赏。

水鬼蕉

Hymenocallis littoralis (Jacq.) Salisb.

别　　名：蜘蛛兰
科　　属：石蒜科水鬼蕉属
花 果 期：花期夏末秋初
繁殖方式：分株繁殖

形态特征

多年生草本，有鳞茎；叶 10~12 枚，剑形，深绿色。花茎顶端生花 3~8 朵，白色，花被裂片线形。

分布与习性

原产于美洲，现热带或亚热带地区广泛栽培。喜光照，耐半阴；喜温暖湿润气候，不耐寒，稍耐；不耐干旱；喜富含腐殖质的沙质或黏质土壤。

观赏特性

花色洁白，花形奇特，花瓣细长，伸展形似蜘蛛，所以又称为“蜘蛛兰”，是优良的观花观叶植物。可丛植、列植或片植于公园、庭园等绿地，也可应用于花镜、花坛，还可盆栽观赏。

朱顶红

Hippeastrum rutilum (Ker-Gawl.) Herb

科　　属：石蒜科朱顶红属
花 果 期：花期夏季，有些栽培品种在初秋开花；果期夏季
繁殖方式：播种繁殖、分球繁殖

形态特征

多年生草本。鳞茎近球形。叶片两侧对生，带状，先端渐尖，2~8 枚，花后抽出，鲜绿色。花茎中空，具有白粉，花 2~4 朵，花喇叭形。现在栽培种繁多，花朵硕大，花色艳丽，有大红色、玫红色、橙红色、白色、杂色等，还有重瓣的品种。

分布与习性

原产于巴西，现广泛栽培。喜光照，但忌过于强烈；喜温暖湿润气候；怕涝，较耐旱；喜疏松肥沃且排水良好的土壤。

观赏特性

观花植物，品种繁多，可盆栽观赏，也可栽植于公园、庭园绿地。

南美水仙

Eucharis × *grandiflora* Planch. et Linden

别　　名：亚马逊百合
科　　属：石蒜科南美水仙属
花 果 期：花期冬、春季
繁殖方式：侧芽繁殖、侧球繁殖

形态特征

多年生草本。叶宽大，深绿色有光泽。花葶顶生伞形花序，花5~7朵，花纯白色，芳香，具有副花冠。

分布与习性

原产于哥伦比亚和秘鲁。喜散射光，忌强光，喜高温多湿环境，不耐寒；喜疏松肥沃及排水良好的沙质土壤。

观赏特性

花香怡人，花色纯白端庄，为优良的观花植物。可栽植于公园绿地应用于花境，也可盆栽观赏。

巴西鸢尾

Neomarica gracilis Sprague.

别　　名：马蝶花、鸢尾兰、玉蝴蝶
科　　属：鸢尾科巴西鸢尾属
花 果 期：花期4~9月
繁殖方式：分株繁殖

形态特征

多年生草本。叶从基部根茎处抽出，呈扇形排列，革质，深绿色。花从花茎顶端鞘状苞片内开出，花有6瓣，外3片白色，基部具褐色及浅黄色斑纹；前端3片蓝紫色，带白色条纹，基部褐色，还有黄色斑纹。

分布与习性

原产于巴西，现广泛栽培。喜光照，耐半阴；喜温暖湿润气候；喜湿润的土壤。

观赏特性

花形奇特，为优良的观花植物。可盆栽观赏，也可片植于公园、庭园等绿地。

射干

Belamcanda chinensis (Linn.) DC.

别　　名：交剪草、野萱花
科　　属：鸢尾科射干属
花 果 期：花期6~8月，果期7~9月
繁殖方式：分株繁殖、扦插繁殖、播种繁殖

形态特征

多年生草本。叶互生，剑形。花序顶生，每分枝的顶端聚生有数朵花，花橙红色，散生紫褐色的斑点。蒴果倒卵形或长椭圆形。

分布与习性

原产于中国、朝鲜、日本、印度等。喜光照，耐半阴；喜温暖湿润气候，耐寒；耐干旱；对土壤要求不高。

观赏特性

花朵颜色艳丽，为优良的观花植物。可盆栽观赏，也可片植于公园、庭园、社区等绿地。

雄黄兰

Crocosmia crocosmiiflora (Lemoine) N.E.Br.

别　　名：火星花
科　　属：鸢尾科雄黄兰属
花 果 期：花期 7~8 月，果期 8~10 月
繁殖方式：分株繁殖

形态特征

多年生草本。球茎扁圆球形。叶多为基生，剑形。花茎常 2~4 分枝，穗状花序，花橙黄色。蒴果三棱状球形。

分布与习性

我国各地多有栽培。喜光，耐半阴；耐寒，较耐旱；喜排水良好、疏松肥沃的沙质壤土。

观赏特性

花色火红艳丽，为优良的观花地被，可布置于花坛及绿化庭园，也可盆栽观赏。

四色栉花竹芋

Ctenanthe oppenheimians 'Quadricolor'

别　　名：七彩竹芋、锦竹芋、彩叶竹芋
科　　属：竹芋科栉花芋属
花 果 期：花期初夏
繁殖方式：扦插繁殖

形态特征

多年生草本植物。叶片披针形，全缘，叶面绿色，沿羽状侧脉散生不规则的银灰色、绿色和白色斑纹，叶柄上端有一段呈紫红色，叶背紫红色。

分布与习性

原产于巴西，现广泛栽培。喜半阴；喜温暖湿润气候，稍耐热，稍耐寒；忌涝；喜疏松透气、排水良好且营养丰富的微酸性土壤。

观赏特性

株形丰满，叶色斑斓，为优良的观叶植物。可栽植于庭园、道路旁半阴环境中，也可室内盆栽观赏。

鹤望兰

Strelitzia reginae Ait.

别　　名：极乐鸟、天堂鸟
科　　属：芭蕉科鹤望兰属
花 果 期：花期秋、冬季
繁殖方式：播种繁殖、分株繁殖

形态特征

多年生草本。茎不明显。叶对生，两侧排列，长圆状披针形，革质，叶柄细长。花序外有总佛焰苞片，绿色边缘晕红，花 6~8 朵，顺次开放。蒴果。

分布与习性

原产于非洲南部，我国南方广泛栽培，北方多为温室栽培。喜光；不耐寒，耐热，不耐水湿；喜排水良好的土壤。

观赏特性

花形奇特，色彩夺目，宛如仙鹤翘首远望，因此而得名，为优良的观花观叶植物。可盆栽观赏，也可丛植于庭园、公园，或点缀花坛，同时也是重要的切花材料。

地涌金莲

Musella lasiocarpa (Franch.) C. Y. Wu ex H.W. Li

别　　名：地金莲
科　　属：芭蕉科地涌金莲属
花 果 期：早春开花，花期可长达半年
繁殖方式：分株繁殖

形态特征

多年生丛生草本，具水平向根状茎。地上部分由叶鞘层层重叠，形成螺旋状排列，如树干状，称之为假茎。叶片形似芭蕉，长椭圆形，有白粉。花序直立生于假茎上，6枚苞片为一轮，顶生或腋生，金光闪闪，形如花瓣，层层由下而上逐渐展开，而真正的花清香、柔嫩、娇小，黄绿相间，包藏在苞片里面，苞片展开时才展现出来。浆果三棱状卵形。

分布与习性

原产于我国云南，为我国特有花卉。喜光，忌夏日阳光直射；不耐寒；忌涝；喜排水良好的土壤。

观赏特性

先花后叶，花冠犹如地里涌出的一朵金莲花，硕大，美丽，故被誉为佛教圣花。可栽植于庭园供观赏。

美人蕉

Canna indica L.

科　　属：美人蕉科美人蕉属
花 果 期：花果期3~12月
繁殖方式：分株繁殖、播种繁殖

形态特征

多年生草本植物。叶片卵状长圆形。总状花序，花小，红色。蒴果绿色，长卵形，有软刺。

分布与习性

原产于印度，现广泛栽培。喜光；喜温暖湿润气候；不耐寒；对土壤要求不高。

观赏特性

优良的观花观叶植物。可盆栽观赏，也可片植、丛植于公园、庭园等绿地、水体，还可应用于花境。

金脉美人蕉

Canna × generalis 'Striata'

科　　属：美人蕉科美人蕉属
花 果 期：花期 7~10 月
繁殖方式：播种繁殖、块茎繁殖

形态特征

多年生草本植物，根状茎粗壮。叶宽椭圆形，互生，中脉和羽状侧脉镶嵌着黄、绿黄等颜色。总状花序顶生，单花 10 朵左右，橙红色。

分布与习性

金脉美人蕉为美人蕉园艺变种，现广泛栽培。喜光照，耐半阴；不耐寒；喜排水良好的沙壤土，也适应肥沃黏质土壤。

观赏特性

花期长，花色艳丽，叶色明亮，为优良的观花观叶植物。适合栽植于湿地、水池、庭园、花坛等地，也可盆栽观赏。

花叶艳山姜

Alpinia zerumbet ‘Variegata’

别　　名：花叶良姜、斑纹月桃
科　　属：姜科山姜属
花 果 期：花期 6~7 月，果期 8~10 月
繁殖方式：分株繁殖

形态特征

常绿草本植物。根茎横生，肉质。叶有短柄，圆状披针形，革质，叶面深绿色，有金黄色纵斑纹、斑块。圆锥花序，花冠白色。蒴果卵圆形，具明显的条纹。

分布与习性

原产于亚热带地区，中国东南部至南部均有栽培。喜光，耐半阴，忌强光直射；喜高温多湿气候；不耐寒，怕霜；喜保湿性好的土壤。

观赏特性

叶色秀丽，花姿雅致，为优良的观花观叶植物。可点缀于庭园、池畔或墙角处。

蝴蝶兰

Phalaenopsis aphrodite Rchb. F.

科　　属：兰科蝴蝶兰属
花 果 期：花期 10 月至次年 6 月
繁殖方式：播种繁殖、扦插繁殖

形态特征

多年生常绿草本植物。茎很短，常被叶鞘所包。叶片稍肉质，互生，常 3~4 枚或更多，长圆形或镰刀状长圆形。总状花序，腋生，花大，花色丰富，有白色、粉色、黄色、紫红色、杂色等，花期长。蒴果。

分布与习性

原产于我国台湾，现广泛栽培。喜光照，耐半阴；喜温暖湿润气候；以排水良好、透气的碎蕨根、水苔、兰石、树皮等为最佳栽培基质。

观赏特性

花大美丽，色彩丰富，花期接近春节，是优良的观花植物。可盆栽观赏，也是切花的好材料。

白及

Bletilla striata (Thunb. ex A. Murray) Rchb. f.

科　　属：兰科白及属
花 果 期：花期 4~5 月，果期 7~9 月
繁殖方式：分株繁殖、播种繁殖

形态特征

多年生草本植物。假鳞茎扁球形，茎粗壮，劲直。叶狭长圆形或披针形。花序具 3~10 朵花，花紫红色或粉红色。蒴果圆柱形。

分布与习性

我国分布于陕西南部、甘肃东南部、江苏、安徽、浙江、江西、福建、湖北、湖南、广东、广西、四川和贵州。喜光照，耐半阴；以温暖湿润气候；喜疏松、排水良好且富含腐殖质的土壤。

观赏特性

假鳞茎可入药，为观花药用植物。可盆栽观赏，也可片植于公园、庭园等绿地。

金钗石斛

Dendrobium nobile Lindl.

别　　名：石斛
科　　属：兰科石斛属
花 果 期：花期4~5月
繁殖方式：分株繁殖、扦插繁殖

形态特征

多年生草本。茎直立，肉质状，肥厚，呈稍扁的圆柱形。叶革质，长圆形。总状花序从具叶或落了叶的老茎中部以上部分发出，花大，白色带淡紫色先端，有时全体淡紫红色或除唇盘上具1个紫红色斑块外，其余均为白色。

分布与习性

我国分布于台湾、香港、海南、广西、四川、贵州、云南、西藏等，印度、尼泊尔、不丹、缅甸、泰国、老挝、越南等国也有分布。喜半阴；喜温暖湿润气候，不耐寒；忌涝，耐干旱；喜排水良好、透气的碎蕨根、水苔、兰石、树皮等作为栽培基质。

观赏特性

花色明亮，花多繁密，为优良的观花植物。可盆栽观赏，也可绑植于公园、庭园的树木、岩石上观赏。

竹叶兰

Arundina graminifolia (D. Don) Hochr.

科　　属：兰科竹叶兰属
花 果 期：花果期主要为 9~11 月
繁殖方式：扦插繁殖、分株繁殖

形态特征

多年生常绿草本植物。叶线状披针形，薄革质或坚纸质。花序总状或基部有1~2 个分枝而成圆锥状，具 2~10 朵花，但每次仅开 1 朵花，花粉红色或略带紫色或白色。蒴果近长圆形。

分布与习性

我国分布于浙江、江西、福建、台湾、广东、海南、广西、贵州、云南等地，尼泊尔、不丹、印度、斯里兰卡等国也有分布。喜光，耐半阴；喜温暖湿润气候；对土壤要求不高，在排水良好的富含腐殖质的沙质壤土中生长最佳。

观赏特性

观花观叶植物，叶似竹叶，所以称之为“竹叶兰”。可片植于公园、庭园等绿地，也可种植于假山石头边起到点缀的作用。

多花指甲兰

Aerides rosea Lodd. ex Lindl. et Paxt.

科　　属：兰科指甲兰属
花 果 期：花期7月，果期8月至次年5月
繁殖方式：扦插繁殖、分株繁殖

形态特征

多年生常绿草本。叶肉质，狭长圆形或带状。花序叶腋生，总状花序，花白色带紫色斑点。蒴果近卵形。

分布与习性

原产于印度、泰国等。喜阴，忌阳光直射；喜温暖湿润气候；忌干燥；喜排水良好、透气的碎蕨根、水苔、兰石、树皮等作为栽培基质。

观赏特性

花多，花色素雅，为优良的观花观叶植物。可盆栽观赏，也可绑植于公园、庭园的树木、岩石上观赏。

草珊瑚

Sarcandra glabra (Thunb.) Nakai

科　　属：金粟兰科草珊瑚属
花 果 期：花期6月，果期8~10月
繁殖方式：扦插繁殖、种子繁殖

形态特征

多年生常绿草本或亚灌木。单叶对生，革质，椭圆形、卵状披针形或卵状椭圆形，叶边缘具粗锐锯齿。穗状花序，花黄绿色。核果球形，熟时红色。

分布与习性

我国分布于安徽、浙江、福建等地。喜半阴，忌阳光直射；喜温暖湿润气候，不耐热；忌涝；喜疏松、肥沃、排水良好的微酸性土壤。

观赏特性

果实艳丽，为优良的观果观叶植物。可盆栽观赏，也可片植于公园、庭园等较阴的绿地。

三色堇

Viola tricolor L.

科　　属：堇菜科堇菜属
花 果 期：花期 4~7 月，果期 5~8 月
繁殖方式：播种繁殖

形态特征

一、二年生或多年生草本。基生叶叶片长卵形或披针形，具长柄；茎生叶叶片卵形、长圆状圆形或长圆状披针形。花大，通常每花有紫、白、黄三色。蒴果椭圆形。

分布与习性

原产于欧洲北部，现广泛栽培。喜光照；喜凉爽环境，耐寒；喜肥沃、排水良好、富含有机质的土壤。

观赏特性

优良的观花植物。可片植于公园、庭园等绿地，也可应用于花坛、花境、花箱等，也可盆栽观赏。

紫花地丁

Viola philippica Cav.

科　　属：堇菜科堇菜属
花 果 期：花期 4~9 月，果期夏季
繁殖方式：播种繁殖

形态特征

多年生草本，无地上茎。叶多数，基生，莲座状。花紫堇色或淡紫色，稀呈白色，喉部色较淡并带有紫色条纹。蒴果长圆形。

分布与习性

分布广泛，多野生。喜半阴；喜温暖湿润气候，耐寒；耐干旱；对土壤要求不高。

观赏特性

观花植物。可片植于公园、庭园等绿地，也可种植于假山岩石边作为点缀。

蕺菜

Houttuynia cordata Thunb.

别　　名：鱼腥草
科　　属：三白草科蕺菜属
花 果 期：花果期 5~10 月
繁殖方式：播种繁殖、扦插繁殖

形态特征

多年生草本，植株有腥臭味。叶薄纸质，心形。花小，两性，总苞片白色。蒴果。

分布与习性

我国中部、东南部至西南部均有分布。喜阴，忌强光；喜温暖潮湿环境，较耐寒，不耐干旱；对土壤要求不高。

观赏特性

观叶观花植物。喜阴湿，可丛植于溪沟旁，或片植于潮湿、较阴的林下。

豆瓣绿

Peperomia obtusifolia A. Dietr.

别　　名：钝叶草胡椒、圆叶椒草
科　　属：胡椒科草胡椒属
花 果 期：花期2~4月
繁殖方式：播种繁殖、扦插繁殖

形态特征

多年生草本，茎肉质。叶密集，3~4片轮生，大小近相等，叶片椭圆形或近圆形，叶带肉质，有透明腺点。穗状花序单生、顶生或腋生，苞片近圆形，花小，两性，无花被，与苞片同生于花序轴凹陷处。浆果卵状球形。

分布与习性

原产于西印度群岛、巴拿马、南美洲北部。喜半阴，忌阳光直射；喜温暖湿润环境，不耐寒，耐高温，耐水湿，不耐干旱；对土壤要求不高。

观赏特性

优良的观叶植物。可盆栽观赏，也可丛植于溪流旁，或片植于潮湿、较阴的林下。

花叶冷水花

Pilea cadierei Gagnep.

科　　属：荨麻科冷水花属
花 果 期：花期 9~11 月
繁殖方式：扦插繁殖、分株繁殖

形态特征

多年生草本。叶对生，倒卵形，边缘自下部以上有数枚不整齐的齿，上面深绿色，中央有 2 条（有时在边缘也有 2 条）间断的白斑，下面淡绿色。花雌雄异株，雄花序头状，常成对生于叶腋；雌蕊圆锥形，退化，不明显。

分布与习性

原产于越南中部山区，现广泛栽培。耐阴；喜温暖湿润气候，耐水湿，稍耐旱；喜排水良好的沙质壤土。

观赏特性

叶有美丽的白色花斑，为优良的观叶植物。可盆栽观赏，也可片植于公园、庭园、道路旁等绿地。

地肤

Kochia scoparia (L.) Schrad.

科　　属：藜科地肤属
花 果 期：花期 6~9 月，果期 7~10 月
繁殖方式：播种繁殖

形态特征

一年生草本。叶为平面叶，披针形或条状披针形。花两性或雌性，通常 1~3 个生于上部叶腋，构成疏穗状圆锥花序，花被近球形，淡绿色。胞果扁球形。

分布与习性

我国各地多有栽培。喜光照；喜温暖湿润气候；耐热，不耐寒；耐干旱，对土壤要求不高。

观赏特性

观叶植物。可作为地被，片植、丛植于公园、庭园等绿地。

红龙草

Alternanthera brasiliana (L.) Kuntze.

别　　名：紫杯苋、巴西莲子草
科　　属：苋科莲子草属
花 果 期：花期冬季
繁殖方式：分株繁殖、扦插繁殖

形态特征

多年生草本。叶对生，紫红至紫黑色。头状花序密聚成粉色小球，无花瓣，白色。

分布与习性

原产于巴西，现广泛分布。喜光照，稍耐阴。喜温暖湿润气候，较耐热；忌涝；对土壤要求不高。

观赏特性

叶色红亮，是优良的观叶植物。可片植于公园、庭院等绿地，也可种植于花箱或盆栽观赏。

鸡冠花

Celosia cristata L.

别　　名：红鸡冠
科　　属：苋科青葙属
花 果 期：花果期6~10月
繁殖方式：播种繁殖

形态特征

一年生草本。叶互生，卵形、卵状披针形或披针形。穗状花序，由多数花密生成扁平肉质鸡冠状、卷冠状或羽毛状，花被片红色、紫色、黄色、橙色或红色与黄色相间。

分布与习性

原产于亚洲、美洲及非洲等的热带及亚热带地区，我国南北各地均有栽培。喜光照；喜温暖干燥气候；不耐涝，怕干旱；对土壤要求不严。

观赏特性

花形奇特，像极了鸡冠，因而得名“鸡冠花”。观花植物，可盆栽观赏，也可种植于公园、庭园等绿地，也可应用于花坛、花境。

千日红

Gomphrena globosa L.

别　　名：百日红
科　　属：苋科千日红属
花 果 期：花果期6~9月
繁殖方式：播种繁殖

形态特征

一年生直立草本。枝略呈四棱形。叶片纸质，长椭圆形或矩圆状倒卵形。头状花序，球形，花多数，小而密生，花常紫红色、深红色，有时淡紫色或白色。

分布与习性

原产于美洲地区，我国南北各地均有栽培。喜光照；喜温暖干燥气候；不耐寒，耐热；耐干旱，不耐涝；对土壤要求不严。

观赏特性

花色艳丽，花期长，为优良的观花植物。可盆栽观赏，也可种植于公园、庭园等绿地，还可应用于花坛、花镜。

紫茉莉

Mirabilis jalapa L.

别　　名：胭脂花
科　　属：紫茉莉科紫茉莉属
花 果 期：花期6~10月，果期8~11月
繁殖方式：播种繁殖

形态特征

一年生草本。叶片卵形或卵状三角形，全缘。花常数朵簇生枝端，花被紫红色、黄色、白色或杂色，高脚碟状；花午后开放，有香气，次日午前凋萎。瘦果球形。

分布与习性

原产于热带美洲，我国南北各地均有栽培。喜半阴；喜温暖干燥气候；不耐寒；对土壤要求不严。

观赏特性

花色丰富，有紫红色、黄色、白色或杂色，为优良观花植物，可盆栽观赏，也可种植于公园、庭园等绿地，也可应用于花坛、花境。

头花蓼

Polygonum capitatum Buch. -Ham. ex D. Don.

别　　名：草石椒
科　　属：蓼科蓼属
花 果 期：花期6~9月，果期8~10月
繁殖方式：播种繁殖、扦插繁殖

形态特征

多年生草本。茎匍匐。叶卵形或椭圆形，顶端尖，基部楔形，全缘，上面有时具黑褐色新月形斑点。头状花序，花淡红色。瘦果长卵形。

分布与习性

我国分布于江西、湖南、湖北、四川、贵州、广东、广西、云南及西藏等地。喜光照，耐阴；喜温暖湿润气候；喜水湿，也耐干旱；对土壤要求不高。

观赏特性

生长快速，适应性强，花形奇特，花色艳丽，是良好的观花植物。可种植于公园、山地、水岸边。

石竹

Dianthus chinensis L.

科　　属：石竹科石竹属
花 果 期：花期 5~6月，果期 7~9月
繁殖方式：播种繁殖、扦插繁殖

形态特征

多年生草本。叶片线状披针形。花单生枝端或数花集成聚伞花序，花紫红色、粉红色、鲜红色或白色，顶缘不整齐齿裂，喉部有斑纹，疏生髯毛。蒴果圆筒形。

分布与习性

原产于我国北部，现广泛栽培。喜光照，喜温暖湿润气候，耐寒；耐干旱，忌涝；喜排水良好的疏松土壤。

观赏特性

我国传统花卉之一，为优良的观花植物。可盆栽观赏，也可种植于公园、庭园等绿地，还可种植于花坛、花境中，也是切花的好材料。

芍药

Paeonia lactiflora Pall.

别　　名：殿春
科　　属：毛茛科芍药属
花 果 期：花期5~6月，果期8月
繁殖方式：播种繁殖、分株繁殖

形态特征

多年生草本。叶互生，下部茎生叶为二回三出复叶，上部茎生叶为三出复叶，狭卵形、椭圆形或披针形，边缘具细齿。花数朵，生茎顶和叶腋，花白色、粉色、红色、紫色、黄色等。蓇葖果。

分布与习性

原产于我国，现广泛栽培。喜光照；喜冷凉气候；喜湿润，较耐干旱；不耐热；喜排水良好、疏松肥沃的土壤。

观赏特性

花大而美丽，品种繁多，既有单瓣也有重瓣，为我国著名的观花植物。可盆栽观赏，也可应用于花坛、花境中，还可作为切花。

还亮草

Delphinium anthriscifolium Hance.

科　　属：毛茛科翠雀属
花 果 期：花果期3~5月
繁殖方式：播种繁殖、扦插繁殖

形态特征

一年生草本。叶为二至三回近羽状复叶，间或为三出复叶，叶片菱状卵形或三角状卵形，对生，稀互生。总状花序，花紫色。蓇葖果。

分布与习性

我国分布于广东、广西、贵州、湖南、江西、福建、浙江、江苏、安徽、河南、山西等地。喜光照，耐半阴；喜凉爽气候；不耐热，耐寒；忌水湿，较耐干旱；对土壤要求不高。

观赏特性

花形奇特，花色明亮，可作为地被种植于公园、庭园、道路旁等绿地，也可应用于花境、花坛。

飞燕草

Consolida ajacis (L.) Schur

科　　属：毛茛科飞燕草属
花 果 期：花期 5~6 月，果期夏季
繁殖方式：播种繁殖

形态特征

一、二年生草本植物。叶互生，掌状细裂。总状花序顶生，花紫色、粉红色或白色。蓇葖果。

分布与习性

原产于欧洲南部，在我国各城市均有栽培。喜光照，耐半阴；喜凉爽气候；不耐热，耐寒；忌水湿，较耐干旱；喜排水良好且肥沃的土壤。

观赏特性

花形奇特，花色明亮，可作为地被种植于公园、庭园、道路旁等绿地，也可应用于花境、花坛。

欧耧斗菜

Aquilegia vulgaris L.

别　　名：洋牡丹
科　　属：毛茛科耧斗菜属
花 果 期：花期 5~7 月，果期夏季
繁殖方式：播种繁殖

形态特征

多年生草本。叶基生及茎生，卵状三角形。聚伞花序，花有蓝色、红色、黄色、紫色或白色。蓇葖果。

分布与习性

原产于欧洲，我国南北均有栽培。喜光照，耐半阴；喜凉爽气候；不耐热，耐寒；忌水湿；喜湿润及排水良好的土壤。

观赏特性

花形奇特，可作为地被种植于公园、庭园、道路旁等绿地，也可应用于花境、花坛。

醉蝶花

Tarenaya hassleriana (Chodat) Iltis

科　　属：山柑科醉蝶花属
花 果 期：花期初夏，果期夏末秋初
繁殖方式：扦插繁殖、播种繁殖

形态特征

一年生强壮草本。叶为具5~7小叶的掌状复叶，小叶草质，椭圆状披针形或倒披针形，中央小叶盛大，最外侧的最小。总状花序，花瓣粉红色，少见白色。果圆柱形。

分布与习性

原产于热带美洲，现广泛栽培。喜光照；喜高温多湿环境，不耐寒，耐热；对土壤要求不高。

观赏特性

花形奇特，长长的雄蕊伸出花冠之外，形似蜘蛛，又如龙须，颇为有趣，为优良的观花植物。可应用于花坛、花境中，也可盆栽观赏。

虞美人

Papaver rhoeas L.

科　　属：罂粟科罂粟属
花 果 期：花果期 3~8 月
繁殖方式：播种繁殖

形态特征

一年生草本。全体被伸展的刚毛，稀无毛。叶互生，羽状分裂。花单生于茎和分枝顶端，花蕾长圆状倒卵形，下垂，花色有红色、紫色、粉色、白色等。蒴果宽倒卵形。

分布与习性

原产于欧洲、北非和亚洲，现广泛栽培。喜光照；耐寒，不耐热；喜排水良好的沙质土壤。

观赏特性

花色丰富，颇为美观，可用于花坛、花境，也可盆栽或作切花用，在公园中成片栽植，更为壮观。

花菱草

Eschscholtzia californica Cham.

科　　属：罂粟科花菱草属
花 果 期：花期5月，果期夏、秋季
繁殖方式：播种繁殖

形态特征

多年生草本，常作一、二年生栽培。叶基生为主，多回三羽状细裂。花单生于茎和分枝顶端，花开后成杯状，边缘波状反折，花黄色，基部具橙黄色斑点。蒴果狭长圆柱形。

分布与习性

原产于北美，现广泛栽培。喜光照；喜冷凉干燥气候；耐寒，不耐热；喜排水良好的沙质土壤。

观赏特性

花色鲜艳夺目，为优良的观花植物。可用于花坛、花境，也可盆栽或作切花用，在公园中成片栽植，更为壮观。

荷包牡丹

Dicentra spectabilis (L.) Lem.

别　　名：荷包花、耳环花
科　　属：罂粟科荷包牡丹属
花 果 期：花期 4~6 月
繁殖方式：扦插繁殖、播种繁殖

形态特征

多年生草本，茎圆柱形，带紫红色。叶片轮廓三角形，二回三出全裂，表面绿色，背面具白粉。总状花序长，下垂形似荷包，紫红色至粉红色，稀白色。

分布与习性

我国分布于北部地区，日本、朝鲜、俄罗斯也有分布。喜光照；喜湿润环境；喜肥沃及排水良好的土壤。

观赏特性

花形奇特，形似荷包，颇为有趣，为优良的观花植物。可盆栽观赏，也可应用于花坛、花境，种植于公园、庭园等绿地。

八宝景天

Hylotelephium erythrostictum (Miq.) H. Ohba

科　　属：景天科八宝属

花 果 期：花期8~10月

繁殖方式：扦插繁殖、播种繁殖、分株繁殖

形态特征

多年生草本。叶对生，少有互生或3叶轮生，长圆形至卵状长圆形，边缘有疏锯齿。伞房状花序顶生，花密生，花白色或粉红色。

分布与习性

我国分布于云南、贵州、四川、湖北、安徽、浙江、江苏、陕西等地，现广泛栽植。喜光照；喜干燥通风的环境；耐干旱，忌涝；喜排水良好的土壤。

观赏特性

花多而美丽，为优良的观花植物。可盆栽观赏，也可应用于花坛、花境，种植于公园、庭园等绿地。

长寿花

Kalanchoe blossfeldiana Poelln.

科　　属：景天科伽蓝菜属
花 果 期：花期 1~4月
繁殖方式：扦插繁殖、播种繁殖

形态特征

常绿多年生草本，多肉植物。单叶交互对生，卵圆形，亮绿色，有光泽，叶边略带红色。圆锥聚伞花序，花小，高脚碟状，有单瓣、重瓣，花色有粉红色、绯红色或橙红色等。

分布与习性

原产于马达加斯加，现广泛栽植。喜光照；喜温暖湿润环境；不耐寒；耐干旱，忌涝；喜排水良好的沙壤土。

观赏特性

花、叶肉质，为优良的观花植物。可盆栽观赏，也可应用于花坛、花境，种植于公园、庭园等绿地。

虎耳草

Saxifraga stolonifera Curt.

别　　名：金线吊芙蓉
科　　属：虎耳草科虎耳草属
花 果 期：花果期 4~11 月
繁殖方式：扦插繁殖、播种繁殖

形态特征

多年生草本。叶片近心形、肾形至扁圆形，背面通常红紫色，被腺毛，有斑点。聚伞花序圆锥状，花瓣白色，中上部具紫红色斑点，基部具黄色斑点。

分布与习性

我国分布于河北、陕西、甘肃、江苏、安徽、浙江、江西、福建、台湾、河南、湖北、湖南、广东、广西、四川、贵州、云南等地。喜半阴；喜温暖湿润环境；不耐干旱，耐水湿。

观赏特性

花、叶都具有观赏价值，为优良的观花观叶植物。可盆栽观赏，也可应用于花坛、花境，还可种植于公园、庭园等的阴湿地方。

矾根

Heuchera micrantha Dougl.

别　　名：珊瑚铃
科　　属：虎耳草科矾根属
花 果 期：花期 4~10 月
繁殖方式：扦插繁殖、播种繁殖

形态特征

多年生草本。叶基生，阔心形，叶色有深紫色、绿色、花色等。花小，钟状，花径红色、粉色，两侧对称。

分布与习性

原产于美洲中部，在我国北方地区适宜生长。喜光照，耐阴；喜冷凉气候，耐寒；耐干旱；喜排水良好、富含腐殖质的中性土壤。

观赏特性

花、叶色彩丰富，为优良的观花观叶植物，可盆栽观赏，也可应用林下花境、花坛、花带、地被、庭院绿化等。

羽扇豆

Lupinus micranthus Guss.

别　　名：鲁冰花
科　　属：豆科羽扇豆属
花 果 期：花期 3~5 月，果期 4~7 月
繁殖方式：扦插繁殖、播种繁殖

形态特征

一年生草本。掌状复叶，小叶 5~8 枚，小叶倒卵形、倒披针形至匙形。总状花序顶生，尖塔形，花色有红色、蓝色、黄色、粉色、紫色等。荚果长圆状线形。

分布与习性

原产于地中海沿岸，现广泛栽培。喜光照，略耐阴；喜冷凉气候，较耐寒；耐干旱瘠薄；喜肥沃且排水良好的砂质土壤。

观赏特性

花序挺拔、丰硕，花色艳丽多彩，花期长，为优良的观花植物。可用于片植于公园、庭园等绿地，也可种植于带状花坛，同时也是切花生产的好材料。

紫云英

Astragalus sinicus L.

科　　属：豆科黄芪属
花 果 期：花期 2~6 月，果期 3~7 月
繁殖方式：播种繁殖

形态特征

二年生草本。奇数羽状复叶，具 7~13 片小叶，小叶倒卵形或椭圆形。总状花序生 5~10 花，呈伞形，花紫红色或橙黄色。荚果线状长圆形。

分布与习性

我国分布于长江流域。喜光照，耐阴；喜温暖湿润气候，稍耐寒；不耐盐碱；对土壤要求不高。

观赏特性

优良的观花植物，可做地被，种植于公园、庭园等绿地，也可种植于花坛、花境。

白车轴草

Trifolium repens L.

科　　属：豆科车轴草属
花 果 期：花果期 5~10 月
繁殖方式：播种繁殖、分株繁殖

形态特征

多年生草本。茎匍匐蔓生。掌状三出复叶，小叶倒卵形至近圆形。花序球形，顶生，密集，花冠白色、乳黄色或淡红色，具香气。荚果长圆形。

分布与习性

原产于欧洲和北非，现广泛栽培。喜光照，耐半阴；喜温暖湿润气候；耐干旱，对土壤要求不高。

观赏特性

花繁密，为优良的观花植物。可作地被，片植、丛植于公园、庭园等绿地，也可种植于花坛、花境。

紫叶酢浆草

Oxalis triangularis subsp. *papilionacea* (Hoffmanns. ex Zucc.) Lourteig

科　　属：酢浆草科酢浆草属
花 果 期：花期几乎全年
繁殖方式：分株繁殖

形态特征

多年生草本植物。叶掌状复叶，叶面由3片小叶组成，每片小叶呈倒三角形或倒箭形，叶片颜色为艳丽的紫红色。紫叶酢浆草几乎全年都会开粉红带浅白色的伞形小花。

分布与习性

原产于美洲热带地区，现广泛栽培。喜光照，耐半阴；喜温暖湿润气候；耐热，较耐寒；忌涝；对土壤要求不高。

观赏特性

叶形奇特，叶色靓丽，为优良的观叶植物。可片植于公园、庭园等绿地，还可种植于花坛、山石边。

天竺葵

Pelargonium hortorum Bailey.

科　　属：牻牛儿苗科天竺葵属
花 果 期：花期5~7月，果期6~9月
繁殖方式：播种繁殖、扦插繁殖

形态特征

多年生草本，茎直立。叶互生，叶片圆形或肾形、心形，边缘波状浅裂，具圆形齿，叶面有暗红色马蹄形环纹。伞形花序腋生，花红色、橙红色、粉红色或白色，有单瓣、重瓣。

分布与习性

原产于南非，现广泛栽培。喜光照；喜温暖湿润气候；不耐寒，不耐热；忌涝；喜疏松、肥沃且排水良好的沙质土壤。

观赏特性

叶形奇特，花色丰富，为优良的观花观叶植物。可片植于公园、庭园等绿地，还可应用于花坛、花境，也可盆栽观赏。

旱金莲

Tropaeolum majus L.

科　　属：旱金莲科旱金莲属
花 果 期：花期 6~10 月，果期 7~11 月
繁殖方式：播种繁殖

形态特征

一年生肉质草本，蔓生。叶互生，边缘为波浪形的浅缺刻。单花腋生，花黄色、紫色、橘红色或杂色。果扁球形。

分布与习性

原产于秘鲁、巴西，现广泛栽培。喜光照，耐半阴；喜温暖湿润气候；不耐寒，不耐热；忌涝；喜疏松、肥沃且排水良好的沙质土壤。

观赏特性

叶形奇特，花色丰富，为优良的观花观叶植物。可片植于公园、庭园等绿地，还可应用于花坛、花境，也可盆栽观赏。

猩猩草

Euphorbia cyathophora Murr.

科　　属：大戟科大戟属
花 果 期：花果期 5~11 月
繁殖方式：播种繁殖

形态特征

一年生或多年生草本。叶互生，卵形、椭圆形或卵状椭圆形。总苞叶与茎生叶同形，较小，淡红色或仅基部红色。花序单生，数枚聚伞状排列于分枝顶端，雄花多枚，雌花 1 枚。蒴果，三棱状球形。

分布与习性

原产于中南美洲，现广泛栽培。喜光照，稍耐阴；喜温暖湿润气候；不耐寒；耐旱，忌涝；对土壤要求不高。

观赏特性

优良的观叶植物。可片植、丛植于公园、庭园等绿地，也可盆栽观赏。

非洲凤仙

Impatiens walleriana Hook. f.

别　　名：苏丹凤仙花
科　　属：凤仙花科凤仙花属
花 果 期：花果期全年
繁殖方式：扦插繁殖、播种繁殖

形态特征

多年生肉质草本。叶互生或上部螺旋状排列，叶片宽椭圆形或卵形至长圆状椭圆形。花腋生，颜色多变化，鲜红色、深红色、粉红色、紫红色、淡紫色、蓝紫色或有时白色。蒴果纺锤形。

分布与习性

原产于非洲，现广泛栽培。喜光照，耐半阴，忌暴晒；喜温暖湿润气候；稍耐寒；不耐干旱；喜疏松、排水良好、肥沃的土壤。

观赏特性

优良的观花植物。可盆栽观赏，也可片植于公园、庭园等绿地，还可种植于花坛、花境。

新几内亚凤仙

Impatiens hawkeri W. Bull

科　　属：凤仙花科凤仙花属
花 果 期：花果期全年
繁殖方式：扦插繁殖、播种繁殖

形态特征

多年生肉质草本。叶互生，披针形，叶脉红色。花单生或数多聚成伞房花序，花有距，花色丰富，花期长。

分布与习性

原产于非洲，现广泛栽培。喜光照，耐半阴，忌暴晒；喜温暖湿润气候；稍耐寒；不耐干旱；喜疏松、排水良好、肥沃的土壤。

观赏特性

优良的观花植物。可盆栽观赏，也可片植于公园、庭园等绿地，还可种植于花坛、花境。

黄蜀葵

Abelmoschus manihot (Linn.) Medicus

科　　属：锦葵科秋葵属
花 果 期：花期8~10月，果期11月
繁殖方式：播种繁殖

形态特征

多年生草本。叶掌状5~9深裂，裂片长圆状披针形，具粗钝锯齿。花单生于枝端叶腋，花大，淡黄色，内面基部紫色。蒴果卵状椭圆形。

分布与习性

原产于我国南部，现广泛栽培。喜光照；喜温暖湿润气候；不耐寒；对土壤要求不高。

观赏特性

花大而美丽，为优良的观花植物。可丛植或片植于公园、庭园等绿地。

竹节秋海棠

Begonia maculata Raddi.

科　　属：秋海棠科秋海棠属
花 果 期：花果期夏、秋季
繁殖方式：扦插繁殖

形态特征

多年生草本植物。单叶互生，叶紫红色，叶厚，斜长圆形或长圆状卵形，边缘浅波状，上面深绿色，并有多数圆形的小白点，背部深红色。聚伞花序腋生，悬垂，花淡玫瑰色或白色。蒴果。

分布与习性

原产于巴西，现各地广泛栽培。耐阴；喜高温多湿气候；耐寒；对土壤要求不高。

观赏特性

优良的观叶观花植物。可作片植、丛植于公园、庭园、道路等荫蔽处。

四季秋海棠

Begonia cucullata Willd.

科　　属：秋海棠科秋海棠属

花 果 期：花期夏、秋季

繁殖方式：播种繁殖、扦插繁殖

形态特征

肉质草本。叶卵形或宽卵形，具蜡质光泽，边缘有锯齿和睫毛，两面光亮，绿色，但主脉通常微红。花淡红或带白色。蒴果绿色，有带红色的翅。常年开花。

分布与习性

原产于南美，现广泛栽培。喜光照，稍耐阴；喜温暖湿润气候；忌涝；对土壤要求不高。

观赏特性

观花植物。可片植于公园、庭园、道路等绿地，也可应用于花境、花坛。

千屈菜

Lythrum salicaria L.

科　　属：千屈菜科千屈菜属
花 果 期：花期 5~8 月，果期 10~11 月
繁殖方式：播种繁殖、扦插繁殖

形态特征

多年生草本。枝通常具 4 棱。叶对生或三叶轮生，披针形或阔披针形。花组成小聚伞花序，簇生，花瓣红紫色或淡紫色。蒴果扁圆形。

分布与习性

分布于我国各地，现亦有人工栽培。喜光照；喜温暖湿润气候；喜水湿；对土壤要求不高。

观赏特性

花色艳丽，为观花植物。可种植于公园、庭园的池塘、驳岸等水体，也可种植于绿地增添野趣。

山桃草

Gaura lindheimeri Engelm. et Gray

别　　名：千鸟花
科　　属：柳叶菜科山桃草属
花 果 期：花期5~8月，果期8~9月
繁殖方式：播种繁殖

形态特征

多年生粗壮草本，常丛生。叶对生，椭圆状披针形或倒披针形，边缘具齿突或波状齿。花序长穗状，花瓣白色，后变粉红。蒴果坚果状，狭纺锤形。

分布与习性

原产于北美，现广泛栽培。喜光照，耐半阴，忌强光；喜凉爽湿润气候，耐寒；耐干旱，喜疏松、排水良好的土壤。

观赏特性

花形奇特，为观花植物。可片植、丛植于公园、庭园等绿地，也可应用于花坛、花境。

紫叶山桃草

Gaura lindheimeri 'Crimson Bunny'

别　　名：紫叶千鸟花
科　　属：柳叶菜科山桃草属
花 果 期：花期 5~11 月
繁殖方式：播种繁殖

形态特征

多年生宿根草本，全株具粗毛。叶片紫色，披针形，缘具波状齿。穗状花序顶生，花小而多，粉红色。

分布与习性

园艺栽培种。喜光照，耐半阴；喜凉爽湿润气候，耐寒；喜疏松、肥沃、排水良好的土壤。

观赏特性

花形奇特，为观花植物。可片植、丛植于公园、庭园等绿地，也可应用于花坛、花境。

美丽月见草

Oenothera speciosa Nutt.

科　　属：柳叶菜科月见草属
花 果 期：花期 4~8 月，果期 9~12 月
繁殖方式：播种繁殖

形态特征

多年生草本。叶对生，线形或线状披针形，基生叶羽裂。花瓣粉红至紫红色，宽倒卵形。蒴果棒状。

分布与习性

原产于美国南部，现广泛分布。喜光照，耐半阴；喜温暖湿润气候；耐干旱；喜疏松、排水良好的土壤。

观赏特性

优良的观花植物。可盆栽观赏，也可片植于公园、庭园等绿地，还可种植于花境、花坛。

仙客来

Cyclamen persicum Mill.

科　　属：报春花科仙客来属
花 果 期：花期 12 月至次年 5 月
繁殖方式：播种繁殖

形态特征

多年生草本。叶片心状卵圆形，边缘有细圆齿，质地稍厚，上面深绿色，常有浅色的斑纹。花单生于花茎顶端，白色或玫瑰红色，喉部深紫色，形似兔儿。蒴果。

分布与习性

原产于希腊、叙利亚沿地中海一带。喜光照，耐阴；喜凉爽湿润气候；喜疏松、肥沃、排水良好的土壤。

观赏特性

花色丰富，花期长，为优良的观叶观花植物。可盆栽观赏，也可片植、丛植于公园、庭园等绿地，还可应用于花境、花坛。

海石竹

Armeria maritima Willd.

科　　属：白花丹科海石竹属
花 果 期：花期春季
繁殖方式：播种繁殖、分株繁殖

形态特征

宿根草花。植株低矮，丛生状。叶基生，叶线状长剑形。头状花序，顶生。

分布与习性

原产于欧洲至美洲，现广泛栽培。喜光照，耐半阴；喜温暖湿润气候；不耐热；忌涝；喜疏松、肥沃、排水良好的土壤。

观赏特性

花小巧可爱，为优良的观花植物。可盆栽观赏，也可片植、丛植于公园、庭园等绿地，还可应用于花境、花坛。

紫蝉花

Allamanda blanchetii A. DC

科　　属：夹竹桃科黄蝉属
花 果 期：花期春末至秋初
繁殖方式：扦插繁殖

形态特征

常绿蔓性木质草本，具乳汁。叶 4 枚轮生，长椭圆形或倒卵状披针形。花腋生，漏斗形，暗桃红色或紫红色。

分布与习性

原产于巴西，现各地均有栽培。喜光照，耐半阴；喜温暖湿润气候，耐热；耐干旱；对土壤要求不高。

观赏特性

花色艳丽，为优良的观花植物。可盆栽观赏，可种植于公园、庭园的墙垣、廊架作悬垂观赏。

马利筋

Asclepias curassavica L.

科　　属：萝藦科马利筋属
花 果 期：花期 6~8 月，果期夏、秋季
繁殖方式：播种繁殖。

形态特征

多年生直立草本，灌木状，全株有白色乳汁。叶膜质，披针形至椭圆状披针形。聚伞花序顶生或腋生，着花 10~20 朵，花冠橙红色或紫红色，反折，副花冠黄色。蓇葖披针形。

分布与习性

原产于拉丁美洲，现各地多有栽培。喜光照；喜温暖湿润气候；耐旱；对土壤要求不高。

观赏特性

花形奇特，为观花植物。可丛植或片植于公园、庭园等绿地以增添野趣，也可应用于花境。

琉璃苣

Borago officinalis Linn.

科　　属：紫草科玻璃苣属
花 果 期：花期 5~10 月，果期 7~11 月
繁殖方式：播种繁殖

形态特征

一年生草本植物。叶卵圆形，叶面粗糙。聚伞花序，下垂，花星状，鲜蓝色，有时白色或玫瑰色，具芳香。

分布与习性

原产于地中海沿岸。喜光照，较耐阴；喜温暖湿润气候；耐热，耐水湿，耐干旱；对土壤要求不高。

观赏特性

花形奇特，为观花植物。可片植、丛植于公园、庭园等绿地，也可应用于花坛、花境，还可盆栽观赏。

聚合草

Symphytum officinale L.

别　　名：爱国草
科　　属：紫草科聚合草属
花 果 期：花期 5~10 月
繁殖方式：播种繁殖、分株繁殖

形态特征

多年生草本。基生叶带状披针形、卵状披针形至卵形。花序含多数花，花淡紫色、紫红色至黄白色。小坚果歪卵形。

分布与习性

原产于俄罗斯，现广泛栽培。喜光照，也耐阴；喜温暖湿润气候；耐热，耐寒；对土壤要求不高。

观赏特性

花小巧可爱，花、叶都具有观赏价值。可片植、丛植于公园、庭园等绿地，也可应用于花坛、花境，还可盆栽观赏。

柳叶马鞭草

Verbena bonariensis L.

科　　属：马鞭草科马鞭草属
花 果 期：花期 5~9 月
繁殖方式：播种繁殖

形态特征

多年生草本。茎为正方形，全株有纤毛。叶暗绿色，丛生于基部，长而坚韧，柳叶状。聚伞花序，花紫红色或淡紫色。

分布与习性

原产于南美洲，现广泛栽培。喜光照；喜温暖湿润气候；不耐寒；耐旱；对土壤要求不高。

观赏特性

花期长，花色靓丽，为观花草本。片植观赏效果最佳，也可应用于花坛、花境，还可盆栽观赏。

美女樱

Verbena hybrida Voss.

科　　属：马鞭草科马鞭草属
花 果 期：花期 5~11 月，果期 9~10 月
繁殖方式：播种繁殖

形态特征

多年生草本植物。全株具灰色柔毛。叶对生，长圆形、卵圆形或披针状三角形，边缘具缺刻状粗齿或整齐的圆钝锯齿。穗状花序顶生，多数小花密集排列呈伞房状，花色丰富，有白色、粉红色、深红色、紫色、蓝色等。蒴果。

分布与习性

原产于巴西、秘鲁、乌拉圭等地，现各地广泛栽培。喜光照；喜温暖湿润气候；稍耐寒；不耐旱；喜疏松肥沃且排水良好的土壤。

观赏特性

花期长，花色丰富，为优良的观花草本。可片植、丛植于公园、庭园、道路等绿地，也可应用于花坛、花境，还可盆栽观赏。

蓝花鼠尾草

Salvia farinacea Benth.

别　　名：一串蓝
科　　属：唇形科鼠尾草属
花 果 期：花期春、夏季，果期秋季
繁殖方式：扦插繁殖、播种繁殖

形态特征

多年生草本。植株呈丛生状，植株被柔毛。叶对生，长椭圆形。长穗状花序，花小紫色。

分布与习性

原产于地中海沿岸及南欧，现广泛栽培。喜光照；喜温暖湿润气候，耐寒；不耐旱，对土壤要求不高。

观赏特性

花期长，花色艳丽，为优良的观花植物。可作地被种植于公园、庭园等绿地，还可应用于花坛、花境。

一串红

Salvia splendens Ker-Gawl.

科　　属：唇形科鼠尾草属
花 果 期：花期 5~10 月
繁殖方式：扦插繁殖、播种繁殖

形态特征

多年生草本。茎钝四棱形。叶卵圆形或三角状卵圆形，边缘具锯齿，上面绿色，下面较淡。轮伞花序组成顶生总状花序，花红色。小坚果椭圆形。

分布与习性

原产于巴西，现广泛栽培。喜光照，耐半阴；喜温暖湿润气候，不耐寒；耐旱；对土壤要求不高。

观赏特性

花色红艳，花期长，为优良的观花植物。可作地被种植于公园、庭园等绿地，还可应用于花坛、花境，也可盆栽观赏。

天蓝鼠尾草

Salvia uliginosa Benth.

别　　名：洋苏叶
科　　属：唇形科鼠尾草属
花 果 期：花期 6~10 月
繁殖方式：播种繁殖

形态特征

多年生草本。叶对生，银灰色，椭圆形有锯齿。花 6~10 朵成串轮生于茎顶花序上，花蓝紫色或青色。

分布与习性

原产于巴西、乌拉圭，现广泛栽培。喜光照，耐半阴；喜温暖湿润气候，不耐寒；耐旱，忌涝；喜排水良好的土壤。

观赏特性

优良的观花植物。可作地被种植于公园、庭园等绿地，还可应用于花坛、花境。

美国薄荷

Monarda didyma L.

科　　属：唇形科美国薄荷属
花 果 期：花期7月，果期秋季
繁殖方式：播种繁殖、分株繁殖

形态特征

一年生草本。茎锐四棱形。叶片卵状披针形，边缘具不等大的锯齿，纸质。轮伞花序，叶状苞片染红色，花冠紫红色。

分布与习性

原产于美洲，现广泛栽培。喜光照，耐半阴；喜凉爽湿润气候，耐寒；对土壤要求不高。

观赏特性

优良的观花植物。可作地被种植于公园、庭园等绿地，还可应用于花坛、花境，也可盆栽观赏。

韩信草

Scutellaria indica L.

科　　属：唇形科黄芩属
花 果 期：花果期 2~6 月
繁殖方式：播种繁殖

形态特征

多年生草本。叶草质至近坚纸质，心状卵圆形或圆状卵圆形至椭圆形，边缘密生整齐圆齿，两面被微柔毛或糙伏毛。花对生，在茎或分枝顶上排列成总状花序，花深紫色。坚果熟时栗色或暗褐色。

分布与习性

各地野生分布。喜光照，耐半阴；喜凉爽湿润气候；耐旱；对土壤要求不高。

观赏特性

花、叶都具有观赏价值。可丛植、片植于公园、庭园、边坡等绿地，增添野趣，还可应用于花坛、花境。

水苏

Stachys japonica Miq.

科　　属：唇形科水苏属
花 果 期：花期 5~7 月，果期 7 月以后
繁殖方式：播种繁殖

形态特征

多年生草本。茎叶长圆状宽披针形，边缘为圆齿状锯齿。轮伞花序生 6~8 花，花冠粉红色或淡红紫色。小坚果卵珠状，棕褐色。

分布与习性

各地野生分布。喜光照，耐半阴；喜凉爽湿润气候；耐旱；对土壤要求不高。

观赏特性

习性坚强。可丛植、片植于公园、庭园、边坡等绿地以增添野趣，还可应用于花坛、花境。

彩叶草

Plectranthus scutellarioides (L.) R. Br.

别　　名：五彩苏
科　　属：唇形科马刺花属
花 果 期：花期秋季
繁殖方式：播种繁殖

形态特征

多年生草本植物，常多作一、二年生栽培。单叶对生，卵圆形，缘具钝齿牙。园艺品种丰富，叶色丰富，有绿色、淡黄色、桃红色、朱红色、紫色等色彩鲜艳的斑纹。总状花序，花小，浅蓝色或浅紫色。小坚果平滑有光泽。

分布与习性

原产于印度尼西亚爪哇，现广泛栽培。喜光照，耐半阴，忌暴晒；喜凉爽湿润气候，耐寒；对土壤要求不高。

观赏特性

习性坚强，叶色多变，为优良的观叶植物。可丛植、片植于公园、庭园、边坡等绿地以增添野趣，还可应用于花坛、花境。

特丽莎香茶菜

Plectranthus ecklonii Benth.‘Mona Lavender’

别　　名：莫奈薰衣草
科　　属：唇形科马刺花属
花 果 期：花期夏、秋季
繁殖方式：播种繁殖、扦插繁殖

形态特征

多年生草本植物。叶卵圆形至披针形，叶背紫色。花淡紫色，还具有紫色斑纹，唇形，芳香植物。

分布与习性

原产于南非，现广泛栽培。喜光照，耐半阴；喜凉爽湿润气候；对土壤要求不高。

观赏特性

习性坚强，花期长，花色靓丽，为优良的观花植物。可丛植、片植于公园、庭园、边坡等绿地，还可应用于花坛、花境。

假龙头花

Physostegia virginiana Benth.

别　　名：随意草、芝麻花
科　　属：唇形科假龙头花属
花 果 期：花期 7~9 月
繁殖方式：播种繁殖、分株繁殖

形态特征

多年生宿根草本。单叶对生，披针形，亮绿色，边缘具锯齿。穗状花序顶生，花淡紫红色。

分布与习性

原产于北美，现广泛栽培。喜光照；喜凉爽湿润气候，较耐寒；喜疏松、肥沃且排水良好的土壤。

观赏特性

叶形整齐，花色艳丽，为优良的观花植物。可丛植、片植于公园、庭园、边坡等绿地以增添野趣，还可应用于花坛、花境。

乳茄

Solanum mammosum L.

别　　名：五指茄
科　　属：茄科茄属
花 果 期：花果期夏秋之间
繁殖方式：播种繁殖、扦插繁殖

形态特征

直立草本。茎、小枝被柔毛及扁刺。叶卵形，两面密被亮白色极长的长柔毛及短柔毛，具土黄色细长的皮刺。蝎尾状花序腋外生，花冠紫槿色。浆果倒梨状，外面土黄色，内面白色，具5个乳头状凸起。

分布与习性

原产于美洲，现广泛栽培。喜光照；喜温暖湿润气候，较耐寒；忌涝，不耐旱；喜疏松、肥沃且排水良好的土壤。

观赏特性

果形奇特，果期长，为优良的观花观果植物。可孤植、丛植、片植于公园、庭园等绿地。

矮牵牛

Petunia hybrida

别　　名：碧冬茄
科　　属：茄科矮牵牛属
花 果 期：花期 5~11 月，果期 7~12 月
繁殖方式：播种繁殖

形态特征

多年生草本，常作一、二年生栽培。茎匍匐生长。叶互生，卵形，全缘。花单生，呈漏斗状，重瓣花球形，花色丰富，有白色、紫色或各种红色，并有镶边。蒴果。

分布与习性

原产于南美洲，现广泛栽培。喜光照；喜温暖湿润气候，不耐寒；忌涝；喜疏松、肥沃且排水良好的土壤。

观赏特性

花期长，花色丰富，为优良的观花植物。可盆栽观赏，也可丛植、片植于公园、庭园等绿地，还可应用于花坛、花境。

毛地黄

Digitalis purpurea L.

别　　名：洋地黄
科　　属：玄参科毛地黄属
花 果 期：花期 5~6 月，果期 8~10 月
繁殖方式：分株繁殖、播种繁殖

形态特征

一年生或多年生草本。除花冠外，全体被灰白色短柔毛和腺毛。叶基生莲座状，叶柄具狭翅，叶片卵形或长椭圆形。花冠紫红色，内面具斑点。蒴果卵形。

分布与习性

原产于欧洲，现广泛栽培。喜光照；喜温暖湿润气候；较耐寒；较耐旱，耐瘠薄；喜疏松、肥沃、排水良好的土壤。

观赏特性

花形奇特，为优良的观花植物。可丛植、片植于公园、庭园的绿地，也可应用于花坛、花境，还可盆栽观赏。

蒲包花

Calceolaria crenatiflora Cav.

别　　名：荷包花
科　　属：玄参科荷包花属
花 果 期：花期 2~5 月，果期 4~5 月
繁殖方式：播种繁殖

形态特征

多年生草本植物，在园林上多作一年生栽培花卉。全株有细小茸毛。叶片对生，卵形或长椭圆形。花形奇特，花冠二唇状，下唇瓣膨大似蒲包状，花色丰富，有黄、白、红等，复色则在各底色上着生橙、粉、褐红等。蒴果椭圆状球形。

分布与习性

原产于智利，现广泛栽培。喜光照，忌暴晒；喜凉爽湿润气候；不耐寒，不耐热；喜疏松、肥沃、排水良好的土壤。

观赏特性

花形奇特，像荷包，故又名“荷包花”，为优良的观花植物。可丛植、片植于公园、庭园的绿地，也可应用于花坛、花境，还可盆栽观赏。

兰猪耳

Torenia fournieri Linden. ex Fourn.

别　　名：夏堇
科　　属：玄参科蝴蝶草属
花 果 期：花期6~12月
繁殖方式：播种繁殖

形态特征

一年生草本。叶对生，卵形或卵状披针形，边缘有锯齿。花腋生或顶生总状花序，花色丰富，有紫青色、桃红色、粉红色、深蓝色、浅蓝色、紫色等，喉部有斑点。

分布与习性

原产于越南，现广泛栽培。喜光照，耐半阴；喜凉爽湿润气候；不耐寒；喜疏松、肥沃、排水良好的土壤。

观赏特性

花色丰富，为优良的观花植物。可丛植、片植于公园、庭园的绿地，也可应用于花坛、花境，还可盆栽观赏。

阿拉伯婆婆纳

Veronica persica Poir.

科　　属：玄参科婆婆纳属
花 果 期：花期3~5月
繁殖方式：播种繁殖

形态特征

一年生草本。叶2~4对，卵形或圆形，边缘具钝齿。总状花序，花冠蓝色、紫色或蓝紫色。蒴果肾形。

分布与习性

我国华东、华中地区，以及贵州、云南、福建等地常见。喜光照，耐半阴；喜温暖湿润气候；对土壤要求不高。

观赏特性

花小巧可爱，可作观花地被。可片植于公园、庭园、边坡等绿地以增添野趣，也可应用于花坛、花境。

穗花婆婆纳

Pseudolysimachion spicatum (L.) Opiz

科　　属：玄参科兔尾苗属
花 果 期：花期6~8月，果期秋季
繁殖方式：播种繁殖

形态特征

一年生草本。叶对生，卵形，叶边缘具圆齿或锯齿。花序长穗状，花冠紫色或蓝色。蒴果球状矩圆形。

分布与习性

我国分布于新疆西北部，欧洲、俄罗斯和中亚地区也有。喜光照，耐半阴；喜温暖湿润气候；不耐寒；对土壤要求不高。

观赏特性

花穗挺拔细长，为优良的观花地被。可片植于公园、庭园、边坡等绿地以增添野趣，也可应用于花坛、花境。

金鱼草

Antirrhinum majus Linn.

别　　名：龙头花
科　　属：玄参科金鱼草属
花 果 期：花期5~9月
繁殖方式：分株繁殖、扦插繁殖

形态特征

多年生直立草本。茎基部有时木质化。叶，下部对生，上部常互生，披针形至矩圆状披针形，全缘。总状花序顶生，花冠颜色丰富，从红色、紫色至白色均有。蒴果卵形。

分布与习性

原产于地中海沿岸，现广泛栽培。喜光照，耐半阴；喜温暖湿润气候；不耐寒，不耐旱；对土壤要求不高。

观赏特性

花色丰富，为优良的观花植物。可片植、丛植于公园、庭园等绿地，也可应用于花坛、花境，还可盆栽观赏。

毛地黄叶钓钟柳

Penstemon laevigatus subsp. *digitalis* (Nutt. ex Sims) Bennett

科　　属：玄参科钓钟柳属
花 果 期：花期4~6月
繁殖方式：播种繁殖

形态特征

多年生草本，全株被绒毛。叶交互对生，无柄，卵形至披针形，秋后，基生变红。不规则总状花序，花色有白色、粉色、蓝紫色等。

分布与习性

我国多地有栽培。喜光照，耐半阴；喜温暖湿润气候；耐寒，不耐热；喜疏松、排水良好的土壤。

观赏特性

花形奇特，为优良的观花植物。可片植、丛植于公园、庭园等绿地，也可应用于花坛、花境。

大岩桐

Sinningia speciosa Benth. et Hook.

科　　属：苦苣苔科大岩桐属
花 果 期：花期夏季，果期秋季
繁殖方式：播种繁殖、扦插繁殖

形态特征

多年生草本。块茎扁球形，全株密被白色绒毛。叶对生，茂密翠绿，质厚，长椭圆形，边缘具齿。花顶生或腋生，花色丰富，有蓝色、白色、红色、紫色等，还有重瓣、双色等品种。蒴果。

分布与习性

原产于巴西，现广泛栽培。喜光照，忌暴晒；喜温暖湿润气候；不耐寒；喜疏松、排水良好的土壤。

观赏特性

花色丰富，为优良的观花植物。可片植、丛植于公园、庭园等绿地，也可应用于花坛、花境。

小岩桐

Gloxinia sylvatica (Kunth) Wiehler

别　　名：红岩桐
科　　属：苦苣苔科小岩桐属
花 果 期：花期全年
繁殖方式：分株繁殖、扦插繁殖

形态特征

多年生草本，地下无球根。叶对生，披针形或卵状披针形。花腋生，花梗细长，花冠橙红色，圆筒状，外唇短反卷呈星形赤红色。

分布与习性

原产于秘鲁及玻利维亚，现广泛栽培。喜光照，忌暴晒；喜温暖湿润气候；不耐热；忌涝；喜疏松、排水良好的土壤。

观赏特性

花期长，花形可爱，为优良的观花植物。可片植、丛植于公园、庭园等绿地，也可应用于花坛、花境，还可盆栽观赏。

虾衣花

Calliaspidia guttata (Brandegee) Bremek.

别　　名：麒麟吐珠
科　　属：爵床科麒麟吐珠属
花 果 期：花期全年
繁殖方式：扦插繁殖

形态特征

多年生草本。叶卵形，全缘，卵形或长椭圆形。穗状花序下垂，苞片砖红色，重叠，形似虾衣，花冠白色。

分布与习性

原产于墨西哥，现广泛栽培。喜光照，耐半阴；喜高温高湿气候；忌涝；喜疏松、排水良好的土壤。

观赏特性

花形奇特，形似虾衣，花色艳丽，为优良的观花植物。可片植、丛植于公园、庭园等绿地，也可应用于花坛、花境，还可盆栽观赏。

网纹草

Fittonia verschaffeltii (Lemaire) van Houtte

科　　属：爵床科网纹草属
繁殖方式：扦插繁殖

形态特征

多年生常绿草本。植株低矮，呈匍匐状。叶十字对生，卵形或椭圆形，叶面密布红色或白色网脉。顶生穗状花序，花黄色。

分布与习性

原产于秘鲁，现广泛栽培。耐阴，忌暴晒；喜高温多湿气候；忌涝；喜疏松、排水良好的土壤。

观赏特性

叶花纹独特，为优良的观叶植物。可片植、丛植于公园、庭园等绿地，也可应用于花坛、花境，还可盆栽观赏。

鸟尾花

Crossandra infundibuliformis Nees.

别　　名：十字爵床
科　　属：爵床科十字爵床属
花 果 期：花期夏、秋季
繁殖方式：播种繁殖

形态特征

多年生草本。叶对生，呈长椭圆形，叶全缘或波浪状。穗状花序，花黄色或橙色。

分布与习性

原产于南非、印度、斯里兰卡，现我国南部地区有栽培。喜光照，耐半阴；喜温暖湿润气候；对土壤要求不高。

观赏特性

花期长，为优良的观花植物。可片植、丛植于公园、庭园等绿地，还可应用于花坛、花境，也可盆栽观赏。

五星花

Pentas lanceolata (Forsk.) K. Schum.

别　　名：繁星花
科　　属：茜草科五星花属
花 果 期：花期夏、秋季
繁殖方式：扦插繁殖、播种繁殖

形态特征

多年生草本，被毛。叶卵形、椭圆形或披针状长圆形。聚伞花序密集，顶生，花冠淡紫色，喉部被密毛，冠檐开展。

分布与习性

原产于非洲，现广泛栽培。喜光照，耐半阴；喜高温多湿气候；耐热，不耐寒；耐旱，对土壤要求不高。

观赏特性

花期长，为优良的观花植物。可片植、丛植于公园、庭园等绿地，还可应用于花坛、花境，也可盆栽观赏。

桔梗

Platycodon grandiflorus (Jacq.) A. DC.

别　　名：铃当花
科　　属：桔梗科桔梗属
花 果 期：花期 7~9 月，果期秋季
繁殖方式：播种繁殖、分株繁殖

形态特征

多年生草本。叶全部轮生，卵形，卵状椭圆形至披针形，边缘具细锯齿。花冠大，宽钟状，蓝色或紫色。蒴果。

分布与习性

我国分布于东北、华北、华东、华中各省，以及广东、广西（北部）、贵州、云南东南部、四川、陕西等地。喜光照，耐半阴；喜温暖湿润气候；稍耐寒；喜肥沃，排水良好的土壤。

观赏特性

花形似铃铛，花色靓丽，为优良的观花植物。可盆栽观赏，也可片植、丛植于公园、庭园的绿地。

六倍利

Lobelia erinus L.

科　　属：桔梗科半边莲属
花 果 期：花期春季至秋季
繁殖方式：播种繁殖

形态特征

多年生草本植物，半蔓性，匍匐状。叶对生，多叶，下部叶匙形，上部叶倒披针形，近顶部叶宽线形而尖。总状花序顶生，有浅蓝色、蓝紫色等。

分布与习性

原产于南非，现广泛栽培。喜光照；喜凉爽湿润气候；耐寒，不耐热；喜肥沃、排水良好的土壤。

观赏特性

花量大，花形小巧可爱，为优良的观花植物。可盆栽观赏，也可作垂直绿化种植于公园、庭园的花架，同时还可应用于花坛、花境。

南美蟛蜞菊

Sphagneticola trilobata (L.) Pruski

别　　名：三裂叶蟛蜞菊
科　　属：菊科蟛蜞菊属
花 果 期：花期几乎全年
繁殖方式：扦插繁殖

形态特征

多年生蔓性草本。叶对生，具齿，绿色，光亮。头状花序，花黄色。

分布与习性

原产于南美洲，现广泛栽培。喜光照；喜温暖湿润气候；耐寒，耐热；耐旱，耐瘠薄，对土壤要求不高。

观赏特性

花、叶都具有一定观赏价值。可种植于公园、庭园、边坡、道路旁等绿地。

大吴风草

Farfugium japonicum (L. f.) Kitam.

科　　属：菊科大吴风草属
花 果 期：花果期 8 月至次年 3 月
繁殖方式：扦插繁殖、播种繁殖

形态特征

多年生草本，根茎粗壮。叶全部基生，莲座状，叶片肾形，全缘或有小齿至掌状浅裂，叶质厚，近革质。头状花序辐射状，舌状花 8~12，黄色，管状花多数。瘦果圆柱形。

分布与习性

我国分布于湖北、湖南、广西、广东、福建、台湾，现广泛栽培，有花叶品种。喜半阴，忌暴晒；喜温暖湿润气候；对土壤要求不高。

观赏特性

花、叶都具有一定观赏价值。可片植、丛植于公园、庭园、边坡、道路旁等绿地，也可应用于花坛、花境。

花叶品种

蓝目菊

Osteospermum ecklonis (DC.) Norl.

科　　属：菊科蓝目菊属
花 果 期：花期 2~7 月，果期夏、秋季
繁殖方式：播种繁殖

形态特征

半灌木或多年生宿根草本植物。基生叶丛生，茎生叶互生，羽裂。头状花序，舌瓣花，有白色、紫色、橘色等，中央管状花蓝紫色。瘦果。

分布与习性

原产于南非，现广泛栽培。喜光照；喜温暖湿润气候；对土壤要求不高。

观赏特性

花、叶都具有一定观赏价值。可片植、丛植于公园、庭园、边坡、道路旁等绿地，也可应用于花坛、花境。

千里光

Senecio scandens Buch. -Ham. ex D. Don

科　　属：菊科千里光属

花 果 期：花期 10 月到次年 3 月，果期 2~5 月

繁殖方式：播种繁殖

形态特征

多年生攀缘草本。叶片卵状披针形至长三角形，通常具浅或深齿，稀全缘，有时具细裂或羽状浅裂。头状花序有舌状花在茎枝端排列成顶生复聚伞圆锥花序，花黄色。瘦果圆柱形。

分布与习性

在我国分布广泛。喜光照，耐半阴；喜温暖湿润气候；耐干旱，对土壤要求不高。

观赏特性

花、叶都具有一定观赏价值。可片植、丛植于公园、庭园、边坡、道路旁等绿地，也可应用于花坛、花境以增添野趣。

勋章菊

Gazania rigens Moench.

科　　属：菊科勋章菊属
花 果 期：花期4~5月，果期夏、秋季
繁殖方式：播种繁殖

形态特征

多年生宿根草本植物。叶丛生，披针形或倒卵状披针形，全缘或有浅羽裂，叶背密被白绵毛。舌状花白色、黄色、橙红色，有光泽，花心具深色眼斑，形似勋章，具浓厚的野趣。

分布与习性

原产于非洲，现广泛栽培。喜光照，耐半阴；喜凉爽气候；稍耐寒，耐干旱，耐瘠薄，对土壤要求不高。

观赏特性

花形奇特，花色丰富。可片植、丛植于公园、庭园、道路旁等绿地，也可应用于花坛、花境，还可盆栽观赏。

向日葵

Helianthus annuus L.

别　　名：丈菊
科　　属：菊科向日葵属
花 果 期：花期 7~9 月，果期 8~9 月
繁殖方式：播种繁殖

形态特征

一年生高大草本。叶互生，心状卵圆形或卵圆形，边缘有粗锯齿。头状花序极大，舌状花多数，黄色，管状花棕色或紫色，结果实。瘦果倒卵形或卵状长圆形，稍扁压。

分布与习性

原产于北美，现广泛栽培。喜光照；喜温暖湿润气候；较耐旱，耐瘠薄，喜疏松肥沃的土壤。

观赏特性

花大而美丽。可片植、丛植于公园、庭园等绿地，也可应用于花坛、花境，还可盆栽观赏或作切花。

瓜叶菊

Pericallis hybrida B. Nord.

科　　属：菊科瓜叶菊属
花 果 期：花果期3~7月，果期夏季至秋季
繁殖方式：播种繁殖

形态特征

多年生草本。叶具柄，叶片大，肾形至宽心形，边缘不规则三角状浅裂或具钝锯齿。头状花序，舌状花花色丰富，有紫红色、淡蓝色、粉红色或近白色，管状花黄色。瘦果长圆形。

分布与习性

原产于加那利群岛，现广泛栽培。喜光照，忌暴晒；喜冷凉气候；不耐旱，喜疏松肥沃的土壤。

观赏特性

花期长，花色丰富，为优良的观花植物。可片植、丛植于公园、庭园等绿地，也可应用于花坛、花境，还可盆栽观赏或作切花。

孔雀草

Tagetes patula L.

科　　属：菊科万寿菊属
花 果 期：花期 5~9 月，果熟期 9~10 月
繁殖方式：播种繁殖

形态特征

一年生草本。叶羽状分裂，裂片线状披针形，边缘有锯齿。头状花序单生，舌状花金黄色或橙色，带有红色斑，管状花花冠黄色，有单瓣、重瓣品种。瘦果线形。

分布与习性

原产于墨西哥，现广泛栽培。喜光照；喜温暖湿润气候；不耐寒；耐旱，对土壤要求不高。

观赏特性

花形奇特，花色明亮，为优良的观花植物。可片植、丛植于公园、庭园等绿地，也可应用于花坛、花境，还可盆栽观赏。

芳香万寿菊

Tagetes lemmonii A. Gray

科　　属：菊科万寿菊属
花 果 期：花期 8~9 月，果熟期 9~10 月
繁殖方式：播种繁殖

形态特征

多年生草本，全株具香气。单叶对生，披针形，具锯齿。头状花序着生枝顶，花黄或橙色。瘦果黑色。

分布与习性

原产于墨西哥、南美，现广泛栽培。喜光照；喜温暖湿润气候；耐寒；耐旱，对土壤要求不高。

观赏特性

花色明亮，植株具有香气，为优良的观花植物。可片植、丛植于公园、庭园的绿地，也可应用于花坛、花境，还可盆栽观赏。

百日菊

Zinnia elegans Jacq.

科　　属：菊科百日菊属
花 果 期：花期6~9月，果期7~10月
繁殖方式：播种繁殖

形态特征

一年生草本。叶宽卵圆形或长圆状椭圆形。头状花序，单生枝端，舌状花深红色、玫瑰色、紫堇色或白色，管状花黄色或橙色。瘦果。

分布与习性

原产于墨西哥，现广泛栽培。喜光照；喜温暖湿润气候；不耐寒；耐旱，耐瘠薄；对土壤要求不高。

观赏特性

花色丰富，为优良的观花植物。可片植、丛植于公园、庭园的绿地，成片种植观赏度更佳，也可应用于花坛、花境，还可盆栽观赏。

时钟花

Turnera subulata Sm.

科　　属：时钟花科时钟花属
花 果 期：花期春、夏季，果期夏、秋季
繁殖方式：播种繁殖、扦插繁殖

形态特征

多年生草本。单叶互生，椭圆形至倒阔披针形，边缘具锯齿。花冠白色，中心黄色至紫黑色，花早上开晚上闭，很有规律，因此得名“时钟花”。

分布与习性

原产于巴西，现热带地区广泛栽培。喜光照；喜温暖湿润气候；喜水湿；喜疏松且排水良好的土壤。

观赏特性

花色明亮，花开花谢极有规律，为优良的观花植物。可孤植、片植、丛植于公园、庭园的绿地，也可应用于花坛、花境，还可盆栽观赏。

二月兰

Orychophragmus violaceus (Linn.) O. E. Schulz

别　　名：诸葛菜
科　　属：十字花科诸葛菜属
花 果 期：花期4~5月，果期5~6月
繁殖方式：播种繁殖

形态特征

一年或二年生草本。基生叶和下部茎生叶羽状深裂，叶基心形，叶缘有钝齿，上部茎生叶长圆形或窄卵形，叶基抱茎呈耳状。总状花序顶生，花为蓝紫色或淡红色，逐渐转淡变为白色，花冠排列成辐射对称的十字形。果实为长角果，圆柱形。

分布与习性

我国东北、华北及华东地区有栽培。耐阴；喜温暖湿润气候；耐寒；耐旱，对土壤要求不高。

观赏特性

花期长，花色素雅，为优良的观花耐阴地被。可片植、丛植于公园、庭园的林下绿地，也可应用于花坛、花境，还可盆栽观赏。

水生

梭鱼草

Pontederia cordata L.

科　　属：雨久花科梭鱼草属
花 果 期：花果期 5~10 月
繁殖方式：分株繁殖

形态特征

多年生挺水或湿生草本植物。叶片较大，深绿色，叶形大部分为倒卵状披针形。花葶直立，通常高出叶面，穗状花序顶生，小花密集，蓝紫色。蒴果初期绿色，成熟后褐色。

分布与习性

原产于北美，现广泛栽培。喜光照；喜温暖湿润气候，不耐寒；喜水湿。

观赏特性

观叶观花水生植物，可作为水体绿化种植于公园、庭园的池塘、河流内，或沿驳岸种植。

三白草

Saururus chinensis (Lour.) Baill.

科　　属：三白草科三白草属
花 果 期：花期 4~6 月，果期 8~9 月
繁殖方式：播种繁殖、扦插繁殖

形态特征

多年生湿生草本。叶纸质，阔卵形至卵状披针形，叶基部心形或斜心形，茎顶端的 2~3 片于花期常为白色，呈花瓣状。花序白色，具 2~3 片乳白色叶状总苞，花小，无花被。果实近球形。

分布与习性

我国分布于河北、山东、河南和长江流域及其以南。喜光照，耐阴；喜温凉湿润的气候，不耐寒，不耐干旱，喜水湿；对土壤要求不高。

观赏特性

近花序的叶片会在花期变为白色、花斑状，为优良的观叶植物。可丛植于溪沟旁，或片植于潮湿、阴生的林下。

睡莲

Nymphaea spp.

科　　属：睡莲科睡莲属
花 果 期：花期6~8月，果期8~10月
繁殖方式：播种繁殖、分株繁殖

形态特征

多年水生草本。叶纸质，浮水叶心状卵形或卵状椭圆形，沉水叶薄膜质。花浮在或高出水面，花瓣颜色丰富，有白色、蓝色、黄色、粉红色等。果为浆果。

分布与习性

我国广泛分布。喜光照；喜温暖湿润气候；喜水湿，多生于水中，喜富含有机质的肥沃黏土。

观赏特性

现园艺栽培品种丰富，为优良的观花、观叶植物。多种植于公园、庭园的池塘作为水体绿化，也可盆栽观赏，还是插花的好材料。

莲

Nelumbo nucifera Gaertn.

别　　名：荷花
科　　属：睡莲科莲属
花 果 期：花期6~8月，果期8~10月
繁殖方式：播种繁殖、扦插栽植

形态特征

多年生水生草本。根状茎横生，肥厚，节间膨大。叶圆形，盾状，全缘稍呈波状。花单生于花梗顶端，浮出水面，大而美丽，芳香，花红色、粉红色或白色。坚果椭圆形或卵形，为莲子。

分布与习性

原产于我国。喜光照；喜温暖湿润气候；喜水湿，多生于水中，喜富含有机质的肥沃黏土。

观赏特性

现园艺栽培品种丰富，为优良的观花观叶植物，多种植于公园、庭园的池塘作为水体绿化，也可盆栽观赏，也是插花的好材料。

萍蓬草

Nuphar pumila (Timm) DC.

别　　名：黄金莲、萍蓬莲
科　　属：睡莲科萍蓬草属
花 果 期：花期 7~8 月，果期秋季
繁殖方式：播种繁殖、分株繁殖

形态特征

多年水生草本。叶纸质，宽卵形或卵形，少数椭圆形，心形。花单生于花梗顶端，花茎伸出水面，花黄色。浆果卵形。

分布与习性

我国分布于黑龙江、吉林、河北、江苏、浙江、江西、福建、广东等地。喜光，喜温暖湿润气候；喜水湿，多生于水中，喜富含有机质的肥沃黏土。

观赏特性

观花观叶水生植物。多种植于公园、庭园的池塘作为水体绿化，也可盆栽观赏。

狐尾藻

Myriophyllum verticillatum L.

别　　名：轮叶狐尾藻
科　　属：小二仙草科狐尾藻属
繁殖方式：扦插繁殖

形态特征

多年生粗壮沉水草本，根状茎发达，在水底泥中蔓延。叶通常 4 片轮生，或 3~5 片轮生，水上叶互生，披针形，较强壮，鲜绿色。花单性，雌雄同株或杂性，单生于水上叶腋内，雌花生于水上茎下部叶腋中。

分布与习性

现广泛分布。喜光照；喜温暖湿润气候；喜水湿。

观赏特性

观叶水生植物。可作为水体绿化，种植于池塘，湖泊等水体，也可盆栽观赏，还可作绿肥。

印度荇菜

Nymphoides indica (L.) O. Kuntze

别　　名：金银莲花
科　　属：龙胆科荇菜属
花 果 期：花果期 8~10 月
繁殖方式：分株繁殖、播种繁殖

形态特征

多年生水生草本。叶漂浮，近革质，宽卵圆形或近圆形，基部心形，全缘，具不甚明显的掌状叶脉。花多数，簇生节上，花白色，基部黄色。蒴果椭圆形。

分布与习性

我国分布于东北、华东、华南以及河北、云南等地。喜光照，耐半阴；喜温暖湿润气候，耐热；喜水湿。

观赏特性

叶似莲花，花形奇特，为优良的观叶观花水生植物。可应用于公园、庭园的水体，如池塘、浅湖中。

藤本

地果

Ficus tikoua Bur.

别　　名：地果榕、过山龙
科　　属：桑科榕属
花 果 期：花期 5~6 月，果期 7 月
繁殖方式：扦插繁殖、播种繁殖

形态特征

匍匐木质藤本。茎上着生细长不定根，节膨大。叶坚纸质，倒卵状椭圆形，基部圆形至浅心形，边缘具波状疏浅圆锯齿。榕果成对或簇生于匍匐茎上，埋于土中，球形至卵球形，成熟时深红色，表面多圆形瘤点，雄花生榕果内壁孔口部，雌花生另一植株榕果内壁。

分布与习性

我国分布于湖南、湖北、广西、贵州、云南、四川、甘肃、陕西等地。喜光照，耐半阴；较耐寒；耐旱；对土壤要求不高。

观赏特性

优良的观叶藤本。可作为匍匐地被种植于公园、庭园等半阴处绿地，也可盆栽垂挂观赏。

薜荔

Ficus pumila Linn.

别　　名：凉粉果
科　　属：桑科榕属
花 果 期：花果期 5~8 月
繁殖方式：扦插繁殖、播种繁殖

形态特征

匍匐木质藤本。叶两形，不结果枝节上生不定根，叶卵状心形；结果枝上无不定根，叶卵状椭圆形。榕果单生叶腋，瘿花果梨形，雌花果近球形。

分布与习性

我国分布于福建、江西、浙江、安徽、江苏、台湾、湖南、广东、广西、贵州、云南东南部、四川等地。喜光照，耐半阴；耐寒，耐热；耐干旱瘠薄，对土壤要求不高。

观赏特性

果形奇特，为优良的观叶观果藤本。可作攀缘垂直绿化，种植于墙垣、围栏边。

烟斗马兜铃

Aristolochia gibertii Hook.

别　　名：雀仔花
科　　属：马兜铃科马兜铃属
花 果 期：花期11月至次年2月，果期3~5月
繁殖方式：播种繁殖、扦插繁殖

形态特征

多年生常绿藤本植物。叶互生，卵状心形。花单生于叶腋，具长柄，花被合生，向上弯曲呈烟斗状，花黄绿色。蒴果长筒状，形似小杨桃，成熟后由花柄处裂开，呈吊篮状悬挂在空中，甚是好看。

分布与习性

原产于阿根廷、巴拉圭和巴西等地。喜光照，耐半阴；喜温暖湿润气候；耐热；对土壤要求不高。

观赏特性

叶、花、果形态奇特，均具有观赏价值，可作为垂直绿化的植物，种植于花廊、篱笆、棚架等处，也可盆栽观赏。

珊瑚藤

Antigonon leptopus Hook. et Arn.

科　　属：蓼科珊瑚藤属
花 果 期：花期 4~12 月，果期冬季
繁殖方式：播种繁殖、扦插繁殖

形态特征

多年生落叶藤本。单叶互生，呈卵状心形，基部为心形，叶全缘但略有波浪状起伏。圆锥花序，花有 5 个似花瓣的苞片组成，淡红色。瘦果，果褐色，呈三菱形。

分布与习性

原产于中美洲。喜光照，喜温暖湿润气候，耐热，较不耐寒；喜肥沃的微酸性土壤。

观赏特性

花期长，花形奇特，为优良的观花植物。可作为垂直绿化种植于公园、庭园的栏架、栅栏、墙垣边。

铁线莲

Clematis spp.

科　　属：毛茛科铁线莲属
花 果 期：花期 1~2 月，果期 3~4 月
繁殖方式：扦插繁殖

形态特征

草质藤本。二回三出复叶，小叶片狭卵形至披针形，边缘全缘。花单生于叶腋，园艺品种丰富，重瓣或单瓣，花色丰富。瘦果倒卵形。

分布与习性

各地广泛栽培。喜光照，耐半阴；喜凉爽气候；不耐热，耐寒；忌水湿；喜肥沃及排水良好的土壤。

观赏特性

花形奇特，花色丰富，可作为垂直绿化，种植于公园、庭园的棚架、墙垣边，也可盆栽观赏。

瓜馥木

Fissistigma oldhamii (Hemsl.) Merr.

科　　属：番荔枝科瓜馥木属
花 果 期：花期 4~9 月，果期 7 月至次年 2 月
繁殖方式：扦插繁殖

形态特征

攀缘灌木。小枝被黄褐色柔毛。叶革质，倒卵状椭圆形或长圆形。伞形花序，花黄色，肉质。果圆球状，密被黄棕色绒毛。

分布与习性

我国分布于浙江、江西、福建、台湾、湖南、广东、广西等地。喜光照，耐半阴；喜温暖湿润的气候，不耐寒。

观赏特性

花香，花期长，花形奇特，可栽植于公园、庭园的墙篱边。

云南羊蹄甲

Bauhinia yunnanensis Franch.

别　　名：云南马鞍叶
科　　属：豆科羊蹄甲属
花 果 期：花期 8 月，果期 10 月
繁殖方式：扦插繁殖、播种繁殖

形态特征

藤本，卷须成对。叶膜质或纸质，羊蹄形。总状花序顶生或与叶对生，有 10~20 朵花，花瓣淡红色。荚果带状长圆形，扁平。

分布与习性

我国分布于云南、四川和贵州，缅甸和泰国北部也有分布。喜光照；喜温暖湿润气候，不耐寒；忌水涝；对土壤要求不高。

观赏特性

可作垂直绿化，种植于公园、庭园的棚架、拱门、墙垣和绿篱等处。

橙花羊蹄甲

Bauhinia kockiana Korth.

别　　名：素心花藤
科　　属：豆科羊蹄甲属
花 果 期：花期夏、秋季，盛花期夏天
繁殖方式：扦插繁殖、高压繁殖

形态特征

常绿藤本。单叶互生，长卵形或长椭圆形。总状或伞房花序顶生，花橙红色、桃红或黄色。

分布与习性

原产于马来西亚、印度尼西亚。喜光照；喜温暖湿润气候，不耐寒；忌水涝；对土壤要求不高。

观赏特性

优良的观花植物。可做垂直绿化，种植于公园、庭园的棚架、拱门、墙垣和绿篱等处。

龙须藤

Bauhinia championii (Benth.) Benth.

科　　属：豆科羊蹄甲属
花 果 期：花期 6~10 月，果期 7~12 月
繁殖方式：扦插繁殖、播种繁殖

形态特征

藤本，有卷须。叶纸质，卵形或心形。总状花序狭长，腋生，花瓣白色。荚果倒卵状长圆形或带状，扁平。

分布与习性

我国分布于浙江、台湾、福建、广东、广西、江西、湖南等地。喜光照，较耐阴；喜温暖湿润气候；耐干旱瘠薄；对土壤要求不高。

观赏特性

可做垂直绿化，种植于公园、庭园的棚架、拱门、墙垣和绿篱等处。

首冠藤

Bauhinia corymbosa Roxb. ex DC.

别　　名：深裂叶羊蹄甲
科　　属：豆科羊蹄甲属
花 果 期：花期 4~6 月，果期 9~12 月
繁殖方式：扦插繁殖、播种繁殖

形态特征

木质藤本。叶纸质，马鞍形。伞房花序式的总状花序顶生于侧枝上，花芳香，花瓣白色，有粉红色脉纹，阔匙形或近圆形，花丝淡红色。荚果带状长圆形，扁平，直或弯曲。

分布与习性

我国分布于广东及海南，现广泛栽培。喜光照；喜温暖湿润气候；耐干旱瘠薄；对土壤要求不高。

观赏特性

优良的观花植物。可做垂直绿化，种植于公园、庭园的棚架、拱门、墙垣和绿篱等处。

蝶豆

Clitoria ternatea Linn.

别　　名：蓝蝴蝶、蓝花豆
科　　属：豆科蝶豆属
花 果 期：花期 7~10 月，果期 8~11 月
繁殖方式：扦插繁殖、播种繁殖

形态特征

攀缘状草质藤本。小叶 5~7，但通常为 5，薄纸质或近膜质，宽椭圆形或有时近卵形。花大，单朵腋生，花冠蓝色、粉红色或白色，单瓣或重瓣。荚果扁平。

分布与习性

原产于印度，现热带地区广泛栽培。喜光照，耐半阴；喜温暖湿润气候；不耐寒；耐干旱；喜疏松肥沃且排水良好的土壤。

观赏特性

花形奇特，色彩艳丽，花期长，为优良的观花藤本植物。可作为垂直绿化，种植于栏架、绿篱、墙垣等处。

常春油麻藤

Mucuna sempervirens Hemsl.

科　　属：豆科黧豆属
花 果 期：花期4~5月，果期8~10月
繁殖方式：扦插繁殖、播种繁殖

形态特征

常绿木质藤本。羽状复叶具3小叶，小叶纸质或革质。总状花序生于老茎上，每节上有3花，有臭味，花深紫色，干后黑色。荚果木质，带形。

分布与习性

原产于亚洲热带地区，现热带地区广泛栽培。喜光照；喜温暖湿润气候；耐寒；耐干旱；对土壤要求不高。

观赏特性

花形奇特，为优良的观花藤本植物。可作为垂直绿化，种植于栏架、绿篱、墙垣等处。

東蕊花

Hibbertia scandens Dryand.

别　　名：纽扣花
科　　属：五桠果科纽扣花属
花 果 期：花期全年
繁殖方式：扦插繁殖

形态特征

常绿藤本。叶椭圆形至倒卵形，全缘。花大，金黄色。果小，种子黑色。

分布与习性

原产于澳大利亚。喜光照；喜温暖湿润气候；较耐热，稍耐寒；喜排水良好的沙质土壤。

观赏特性

花色明亮，为优良的观花植物。可作垂直绿化，种植于棚架、栅栏、墙垣等处。

鸡蛋果

Passiflora edulis Sims.

别　　名：百香果
科　　属：西番莲科西番莲属
花 果 期：花期6月，果期11月
繁殖方式：播种繁殖、扦插繁殖

形态特征

草质藤本。叶纸质，基部楔形或心形，掌状3深裂，裂片边缘有内弯腺尖细锯齿。聚伞花序退化仅存1花，且造型奇特，色彩丰富，花芳香。浆果卵球形，熟时紫色，俗称“百香果”。

分布与习性

现广泛栽培。喜光照；喜温暖湿润气候；耐热；耐干旱；对土壤要求不高。

观赏特性

花形奇特，果可食，为优良的观花观果植物。可作垂直绿化，种植于墙垣、棚架等处。

西番莲

Passiflora caerulea L.

科　　属：西番莲科西番莲属
花 果 期：花期5~7月
繁殖方式：播种繁殖、扦插繁殖

形态特征

草质藤本。叶纸质，基部心形，掌状5深裂。聚伞花序退化仅存1花，与卷须对生；花大且造型奇特，色彩丰富。浆果卵圆球形至近圆球形，熟时橙黄色或黄色。

分布与习性

现广泛栽培。喜光照；喜温暖湿润气候；耐热；耐干旱；对土壤要求不高。

观赏特性

花形奇特，为优良的观花植物。可作垂直绿化，种植于墙垣、棚架等处。

红花西番莲

Passiflora coccinea Aubl.

科　　属：西番莲科西番莲属
花 果 期：花期春季至秋季
繁殖方式：压条繁殖、扦插繁殖

形态特征

多年生常绿藤本。叶互生，长卵形，基部心形或楔形，叶缘有不规则浅疏齿。花单生于叶腋，花红色。

分布与习性

现广泛栽培。喜光照；喜温暖湿润气候；耐热；耐干旱；对土壤要求不高。

观赏特性

花形奇特，花大而美丽，为优良的观花植物。可作垂直绿化，种植于墙垣、花架、棚架等处，也可盆栽观赏。

多花素馨

Jasminum polyanthum Franch.

科　　属：木樨科素馨属
花 果 期：花期 3~5 月
繁殖方式：扦插繁殖

形态特征

缠绕木质藤本。叶对生，羽状深裂或为羽状复叶，有小叶 5~7 枚，叶片纸质或薄革质。总状花序或圆锥花序顶生或腋生，有花 5~50 朵，花极芳香，花蕾时外面呈红色，开放后变白，内面白色。果近球形。

分布与习性

我国分布于四川、贵州、云南等地，现多地有栽培。喜光照；喜温暖湿润的气候；不耐寒；不耐旱；忌涝；喜疏松、肥沃、排水良好的土壤。

观赏特性

花香，花量大，为优良的观花植物。可作垂直绿化，种植于公园、庭园等廊架、围栏、墙垣处，还可盆栽观赏。

北美钩吻

Gelsemium sempervirens (Linn.) St. Hil.

别　　名：金钩吻、法国香水
科　　属：马钱科钩吻属
花 果 期：花期 10 月至次年 4 月
繁殖方式：扦插繁殖

形态特征

常绿木质藤本。叶对生，全缘。花顶生或腋生，花漏斗状，黄色，具有香气。蒴果。

分布与习性

原产于美洲，现我国台湾、广东、福建有引种。喜光照，耐半阴；喜温暖湿润气候；稍耐干旱，忌涝；喜疏松、排水良好、肥沃的土壤。

观赏特性

金黄色的小花散发出类似茉莉花的香味，因此又称“法国香水”，为优良的观花植物。可作垂直绿化种植于公园、庭园的墙垣、棚架、栏杆处，也可盆栽观赏。

络石

Trachelospermum jasminoides (Lindl.) Lem.

别　　名：风车茉莉
科　　属：夹竹桃科络石属
花 果 期：花期 3~7 月，果期 7~12 月
繁殖方式：扦插繁殖、播种繁殖、压条繁殖

形态特征

常绿木质藤本，具乳汁。叶革质或近革质，椭圆形至卵状椭圆形或宽倒卵形。二歧聚伞花序腋生或顶生，花多朵组成圆锥状，花白色，芳香。蓇葖双生，叉开，无毛，线状披针形。

分布与习性

原产于我国东南部及日本、朝鲜、越南等，现各地均有栽培。喜光照，耐半阴；喜高温高湿气候，耐热，稍耐寒；耐干旱；对土壤要求不高。

观赏特性

花形奇特，形如“万”字，还有花叶品种，为优良的观花观叶植物。可作地被片植于公园、庭园等绿地，还可种植于廊架、墙垣边作为垂直绿化，同时还可盆栽观赏。

清明花

Beaumontia grandiflora Wall.

别　　名：炮弹果
科　　属：夹竹桃科清明花属
花 果 期：花期春、夏季，果期秋、冬季
繁殖方式：扦插繁殖

形态特征

常绿木质大藤本。叶长圆状倒卵形。聚伞花序，顶生，花白色。果形状多变。

分布与习性

原产于我国云南，以及印度。喜光照；喜温暖湿润气候，耐热；喜疏松、肥沃、排水良好的土壤。

观赏特性

花色素雅，为优良的观花植物。可作垂直绿化，种植于公园、庭园等棚架、墙垣处。

桉叶藤

Cryptostegia grandiflora R. Br

别　　名：橡胶紫茉莉
科　　属：萝藦科桉叶藤属
花 果 期：花期6~7月，果期冬季
繁殖方式：扦插繁殖、压条繁殖

形态特征

落叶木质藤本。叶对生，革质，全缘。聚伞花序顶生，花高脚碟状，粉紫色。蓇葖粗厚。

分布与习性

原产于印度、非洲、马达加斯加，我国有引种。喜光照；喜温暖湿润气候，耐热；喜疏松、肥沃、排水良好的土壤。

观赏特性

花形奇特，为优良的观花植物。可丛植或片植于公园、庭园等绿地。

球兰

Hoya carnosa (L. f.) R. Br.

科　　属：萝藦科球兰属
花 果 期：花期 4~6 月，果期 7~8 月
繁殖方式：扦插繁殖、压条繁殖

形态特征

攀缘灌木，附生于树上或石上，茎节上生气根。叶对生，肉质，卵圆形至卵圆状长圆形。聚伞花序伞形状，花白色，花冠辐射状，花冠筒短，副花冠星状。蓇葖果线形。

分布与习性

我国分布于云南、广西、广东、福建和台湾等，现热带地区多有栽培。喜光照，耐半阴，忌暴晒；喜高温高湿气候；喜湿润；对土壤要求不高。

观赏特性

花形奇特，叶肉质，为观花植物。可作垂直绿化，种植于公园、庭园的湿润荫蔽处，也可盆栽垂吊观赏。

蜂出巢

Hoya multiflora Blume.

科　　属：萝藦科球兰属
花 果 期：花期 5~7 月，果期 10~12 月
繁殖方式：扦插繁殖、压条繁殖

形态特征

直立或附生蔓性灌木。叶坚纸质，椭圆状长圆形。聚伞花序，着花 10~15 朵，花冠黄白色，开放后反折，副花冠 5 裂。蓇葖果单生，线状披针形。

分布与习性

我国分布于云南、广西和广东，现热带地区多有栽培。喜光照，耐半阴，忌暴晒；喜高温高湿气候；喜湿润；对土壤要求不高。

观赏特性

花形奇特，叶肉质，为观花观叶植物。可作垂直绿化，种植于公园、庭园的湿润荫蔽处，也可种植于温室，还可盆栽垂吊观赏。

龙吐珠

Clerodendrum thomsonae Balf.

科　　属：马鞭草科大青属
花 果 期：花期 3~5 月
繁殖方式：播种繁殖、扦插繁殖

形态特征

常绿攀缘状灌木。叶片纸质，狭卵形或卵状长圆形，全缘。聚伞花序，花萼白色，花冠深红色，雄蕊细长，伸出花外。核果近球形。

分布与习性

原产于非洲西部，现多地有栽培。喜光照；喜温暖湿润气候，不耐寒；喜疏松、排水良好的土壤。

观赏特性

花形奇特，形似龙吐珠，因此而得名，为优良的观花植物。可孤植、丛植于公园、庭园墙垣、廊架等处。

红萼龙吐珠

Clerodendrum speciosum W. Bull

科　　属：马鞭草科大青属
花 果 期：花期春季至秋季
繁殖方式：分株繁殖、扦插繁殖

形态特征

常绿蔓性藤本。形态特征与龙吐珠相似，为龙吐珠的杂交栽培种。叶对生，卵形或长椭圆形，全缘，浓绿色，具光泽。聚伞花序，小花红色，萼片灯笼状，紫红色；雄蕊细长，伸出花外。核果近球形。

分布与习性

原产于非洲热带地区，喜温暖、湿润和阳光充足的半阴环境，不耐寒冷，喜肥沃、疏松和排水良好的沙质壤土。

观赏特性

花形奇特，开花繁茂，可盆栽观赏，或点缀窗台和夏季小庭院；枝条柔软，可孤植、丛植于公园、庭园墙垣、廊架等处。

蓝花藤

Petrea volubilis L.

科　　属：马鞭草科蓝花藤属
花 果 期：花期 4~5 月
繁殖方式：扦插繁殖、高压繁殖

形态特征

常绿木质藤本。叶对生，革质，椭圆状长圆形或卵状椭圆形，全缘，或稍作波浪形。总状花序顶生，下垂，花蓝紫色。核果。

分布与习性

原产于古巴，现亚热带地区广泛栽培。喜光照；喜温暖湿润气候；耐旱；喜疏松、肥沃的土壤。

观赏特性

花形奇特，花色亮丽，可种植于公园、庭园的墙垣、廊架作立体绿化。

木玫瑰

Merremia tuberosa (L.) Rendle

别　　名：藤玫瑰
科　　属：旋花科鱼黄草属
花 果 期：花期秋季，果期冬季
繁殖方式：播种繁殖

形态特征

常绿蔓性草质藤本。叶互生，纸质，掌状深裂，裂片7。花顶生，漏斗状，鲜黄色。蒴果，果成熟后木质化开裂，形似干燥的玫瑰花，因此而得名。

分布与习性

原产于热带美洲，现热带地区广泛栽培。喜光照；喜温暖湿润气候；对土壤要求不高。

观赏特性

花色明亮，果形奇特，为优良的观花观果植物。可作垂直绿化，种植于公园、庭园的墙垣、廊架处。

茑萝松

Ipomoea quamoclit L.

别　　名：茑萝
科　　属：旋花科番薯属
花 果 期：花期夏季，果期秋季
繁殖方式：播种繁殖

形态特征

一年生柔弱缠绕草本。叶卵形或长圆形，羽状深裂至中脉，具10~18对线形至丝状的平展的细裂片。聚伞花序腋生，花冠高脚碟状，深红色。蒴果卵形。

分布与习性

原产于热带美洲，现广泛栽培。喜光照；喜温暖湿润气候；不耐寒；对土壤要求不高。

观赏特性

花小巧可爱，枝条纤细，为优良的观花植物。可作垂直绿化，种植于公园、庭园的墙垣、廊架、花架、绿篱等处。

厚藤

Ipomoea pes-caprae (Linn.) Sweet

别　　名：马鞍藤
科　　属：旋花科番薯属
花 果 期：花期几乎全年
繁殖方式：扦插繁殖

形态特征

多年生草本，茎平卧，有时缠绕。叶肉质，干后厚纸质，叶片马鞍形。多歧聚伞花序，腋生，花冠紫色或深红色，漏斗状。蒴果球形。

分布与习性

我国分布于浙江、福建、台湾、广西，海滨地区常见。喜光照；喜温暖湿润气候；耐热；耐干旱瘠薄；耐盐碱，对土壤要求不高。

观赏特性

叶形奇特，花大美丽，植株匍匐，为滨海绿化的优良植物。可作垂直绿化，种植于公园、庭园的墙垣、廊架、花架、绿篱、边坡等处。

五爪金龙

Ipomoea cairica (L.) Sweet

科　　属：旋花科番薯属
花 果 期：花果期几乎全年
繁殖方式：播种繁殖

形态特征

多年生缠绕草本，全体无毛。叶掌状5深裂或全裂，裂片卵状披针形、卵形或椭圆形。聚伞花序腋生；花冠紫红色、紫色或淡红色，偶有白色，漏斗状。蒴果近球形。

分布与习性

我国分布于台湾、福建、广东及其沿海岛屿，还有广西、云南等地。喜光照；喜温暖湿润气候；耐热；耐干旱瘠薄；耐盐碱，对土壤要求不高。

观赏特性

花、叶都具观赏价值。可作垂直绿化，种植于公园、庭园的墙垣、廊架、花架、绿篱、边坡等处。

蒜香藤

Mansoa alliacea (Lam.) A. H. Gentry

科　　属：紫葳科蒜香藤属
花 果 期：花期 5~11 月
繁殖方式：扦插繁殖

形态特征

常绿木质藤本。三出复叶对生，小叶椭圆形。圆锥花序腋生，花冠筒状，紫色，花朵初开时，颜色较深，以后颜色渐淡。叶揉搓有蒜香味。蒴果，扁平长线形。

分布与习性

原产于圭亚那、巴西，现广泛栽培。喜光照，耐半阴；喜温暖湿润气候；对土壤要求不高。

观赏特性

花、叶都具观赏价值。可作垂直绿化，种植于公园、庭园的墙垣、花架、围栏等处。

照夜白

Nyctocalos brunfelsiiflorum Teijsm. et Binn.

科　　属：紫葳科照夜白属
花 果 期：花期8~10月，果期9~11月
繁殖方式：扦插繁殖、播种繁殖

形态特征

藤本。叶具三小叶，小叶椭圆状披针形至椭圆形或倒卵形，全缘。总状花序，顶生，花冠筒状，白色。蒴果长椭圆形，扁平。

分布与习性

我国分布于云南南部。喜光照；喜温暖湿润气候；不耐寒；喜疏松、排水良好的土壤。

观赏特性

花大而洁白，花形奇特，为优良的观花植物。可作垂直绿化，种植于公园、庭园的墙垣、花架、绿篱等处。

炮仗花

Pyrostegia venusta (Ker-Gawl.) Miers

别　　名：黄鳝藤
科　　属：紫葳科炮仗藤属
花 果 期：花期 1~3 月
繁殖方式：扦插繁殖、高压繁殖

形态特征

常绿木质大藤本。叶对生；小叶 2~3 枚，卵形，全缘。圆锥花序，花冠筒状，橙红色，花开放后反折。

分布与习性

原产于巴西，现广泛栽培。喜光照；喜温暖湿润气候；耐旱；对土壤要求不高。

观赏特性

花朵鲜艳，花形如炮仗，下垂成串，开花时就像一串串炮仗，极为喜庆，为优良的观花植物。可作垂直绿化，种植于公园、庭园的墙垣、花架、绿篱等处。

金杯藤

Solandra maxima (Sessé & Moc.) P. S. Green

别　　名：金杯花
科　　属：茄科金杯藤属
花 果 期：花期春、夏季
繁殖方式：扦插繁殖

形态特征

常绿木质大藤本。叶片互生，长椭圆形，浓绿色。单花顶生，花冠大型，花冠筒短，花冠大，淡黄色。

分布与习性

原产于美洲，现广泛栽培。喜光照；喜温暖湿润气候；对土壤要求不高。

观赏特性

花大色艳，优良的观花植物。可种植于公园、庭园的墙垣、花架、围栏等处。

长筒金杯藤

Solandra longiflora Tussac.

别　　名：长花金杯花
科　　属：茄科金杯藤属
花 果 期：花期秋、冬季
繁殖方式：扦插繁殖

形态特征

常绿木质大藤本。叶片互生，长椭圆形，浓绿色，叶片相对金杯藤的叶小。单花顶生，花冠钟形，花冠筒较长，淡黄色。

分布与习性

原产于西印度群岛、古巴，现广泛栽培。喜光照；喜温暖湿润气候；对土壤要求不高。

观赏特性

花大色艳，为优良的观花植物。可种植于公园、庭园的墙垣、花架、围栏等处。

毛萼口红花

Aeschynanthus radicans Jack.

别　　名：大红芒毛苣苔
科　　属：苦苣苔科芒毛苣苔属
花 果 期：花期夏季
繁殖方式：扦插繁殖

形态特征

多年生藤本植物，植株蔓生，枝条下垂。叶对生，长卵形，全缘。花序多腋生或顶生，花萼筒状，黑紫色，被绒毛；花冠红色至红橙色。

分布与习性

原产于马来半岛及印度尼西亚等地，现广泛栽培。喜光照，耐半阴，忌暴晒；喜温暖湿润气候；喜排水良好、略带酸性的土壤。

观赏特性

花形可爱，为优良的观花植物。可盆栽悬垂观赏，也可种植于公园、庭园等的花架。

大花老鸦嘴

Thunbergia grandiflora (Rottl. ex Willd.) Roxb.

别　　名：山牵牛
科　　属：爵床科山牵牛属
花 果 期：花期 5~11 月
繁殖方式：扦插繁殖、分株繁殖

形态特征

攀缘灌木。叶对生，卵形、宽卵形至心形。花在叶腋单生或成顶生总状花序，花冠蓝紫色，开后逐渐变为白色。

分布与习性

我国分布于广西、广东、海南、福建等。喜光照，耐半阴；喜温暖湿润气候；对土壤要求不高。

观赏特性

优良的观花藤本植物。可作垂直绿化，种植于公园、庭园的墙垣、花架、围栏等处。

樟叶老鸦嘴

Thunbergia laurifolia Lindl.

别　　名：桂叶老鸦嘴
科　　属：爵床科山牵牛属
花 果 期：花期春季至秋季
繁殖方式：扦插繁殖、分株繁殖

形态特征

常绿木质大藤本。叶对生，长卵形，先端锐尖，全缘或角状浅裂。花冠蓝紫色，喉部淡黄色，花形近似大花老鸦嘴，唯花序较短。

分布与习性

原产于印度、马来西亚，现广泛栽培。喜光照，耐半阴；喜温暖湿润气候；对土壤要求不高。

观赏特性

优良的观花藤本。可作垂直绿化，种植于公园、庭园的墙垣、花架、围栏等处。

黄花老鸦嘴

Thunbergia mysorensis (Wight) T. Anderson

别　　名：跳舞女郎
科　　属：爵床科山牵牛属
花 果 期：花期冬季
繁殖方式：扦插繁殖

形态特征

多年生常绿藤本。叶对生，长椭圆形。总状花序，腋生，花序悬垂，花冠内侧鲜黄色，外缘紫红色。蒴果。

分布与习性

原产于印度，现我国南方植物园有栽培。喜光照，耐半阴；喜温暖湿润气候。

观赏特性

优良的观花藤本。可作垂直绿化，种植于公园、庭园的墙垣、花架、围栏等处。

金银花

Lonicera japonica Thunb.

别　　名：忍冬
科　　属：忍冬科忍冬属
花 果 期：花期 4~6 月，果熟期 10~11 月
繁殖方式：扦插繁殖、压条繁殖

形态特征

半常绿藤本。叶纸质，卵形至矩圆状卵形，有时卵状披针形，稀圆卵形或倒卵形，上面深绿色，下面淡绿色。总花梗通常单生于小枝上部叶腋，花冠白色，开后变黄色。果实圆形，熟时蓝黑色。

分布与习性

我国各地多有分布。喜光照，耐半阴；喜温暖湿润气候；耐寒，耐热；耐旱；喜排水且保湿的土壤。

观赏特性

花期长，花可入药，为优良的观花植物。可作垂直绿化，种植于公园、庭园的墙垣、花架等处。

蓝叶忍冬

Lonicera korolkowii Stapf.

科　　属：忍冬科忍冬属
花 果 期：花期 4~5 月，果期 9~10 月
繁殖方式：扦插繁殖

形态特征

半常绿藤本。单叶对生，叶卵形或卵圆形，新叶嫩绿，老叶墨绿色泛蓝，全缘。花朵成对地生于腋生的花序柄顶端，花脂红色。浆果亮红色。

分布与习性

原产于土耳其，现各地均有栽培。喜光照，耐半阴；喜温暖湿润气候；耐寒，喜排水良好且疏松的土壤。

观赏特性

花色红艳，为优良的观花植物。可作垂直绿化，种植于公园、庭园的墙垣、花架等处。